塑料温室大棚
设计与建设

高和林　赵　斌　贾建国　编著

中国农业出版社

前言

随着科技发展和市场经济的需要，农业生产及与之相关的产业正在向产业化、高科技、高效益的方向转变，被誉为"白色革命"的塑料大棚以其巨大的生命力出现在人们面前！随着这场革命的不断深入，相关科学技术和发明创造的日新月异，大棚的规模、水平、效益和应用范围得到了前所未有的大发展。

19世纪50年代，摄影师亚历山大·帕克斯的一次试验导致了塑料的产生。一天，他试着把胶棉与樟脑混合，惊奇地发现，混合后产生了一种可弯曲的硬材料。帕克斯称该物质为"帕克辛"，这便是最早的塑料。塑料是一种很轻的物质，用很低的温度加热就能使它变软，随心所欲地做成各种形状的东西。帕克斯用"帕克辛"制作出了梳子、笔、纽扣、珠宝等各类物品。

1865年，美国南北战争结束后，美国上层社会兴起了以室内设置球台（玩象牙球）为最时髦的娱乐，一时造成市场上象牙脱销。因此，人们希望找到一种替代物。这引起了印刷工人赫特兄弟的注意。1869年，他们经过精心试验，终于发明了赛璐珞——这种类似象牙的塑料。赛璐珞是第一个由化学改性的天然塑料。以后，人们又开始挖掘塑料的新用途。很快，几乎每个家庭都有了五颜六色的塑料制品。人们惊呼塑料的神奇时代到来。

1

1902年，奥地利维也纳科学家马克斯·舒施尼发明并用塑料薄膜制成了世界上第一个塑料袋，后被称为科技界的"白色革命"。塑料袋最初吸引消费者的是它的廉价、清洁、方便和耐用，它给人们的生活起居带来极大的便利，同时也为塑料大棚的发展提供了物质基础和全新的思路。

随着高分子聚合物——聚氯乙烯、聚乙烯的产生，塑料薄膜广泛应用于农业。日本及欧美国家于20世纪50年代初期应用薄膜覆盖温床获得成功，随后又覆盖小棚及温室也获得良好效果。我国于1955年秋引进聚氯乙烯农用薄膜，在北京、天津、沈阳及东北地区、太原等地推广使用。60年代中期小棚已定形为拱形，高1米左右，宽1.5~2.0米，故称为小拱棚。1966年长春市终于创造了高2米左右，宽15米，占地为1亩的拱形大棚。1975年、1976年及1978年连续召开了3次"全国塑料大棚蔬菜生产科研协作会"，会议对大棚生产的发展起到了推动作用。1978年大棚生产已推广到南方各地，一场覆盖全国的"白色革命"的号角正在吹响。

塑料大棚之所以被人们所接受，并迅速推广，是由于其特性决定的。首先，塑料薄膜适于大面积覆盖，它质量轻，透光保温性能好，可塑性强，价格低廉；其二，大棚使用轻便的骨架，取材方便又易于成型、建造；第三，大棚的建筑投资较少，一般的家庭都可以承担；第四，大棚因有塑料薄膜覆盖，形成了相对封闭的、与陆地不同的特殊小气候，具有较灵活的调节控制室内光照、空气和土壤的温湿度、二氧化碳浓度等蔬菜作物生长所需环境条件的能力。最关键的是，大棚能抵抗自然灾害，防寒保温，抗旱、防涝，提早播种，延后栽培，延长作物的生长期，达到早熟、晚熟、增产稳产的目的，所以经济效益十分明显，也就自然深受农民的欢迎。

目前塑料大棚生产已成为我国农村脱贫致富的一大支柱产业，成为当今蔬菜保护地栽培的主要设施。

我国地域辽阔，气候复杂，利用塑料大棚进行蔬菜、花卉等的设施栽培，对缓解蔬菜淡季的供求矛盾起到了重要作用，具有显著的社会效益和巨大的经济效益。

塑料大棚原是蔬菜生产的专用设备，随着科技的发展，大棚的应用愈加广泛。

当前塑料大棚已广泛应用于葡萄、草莓、西瓜、甜瓜、桃及柑橘等瓜果类的生产；应用于林木育苗、观赏树木的培植；养殖业用于养蚕、养鸡、养牛、养猪、养羊、养鱼及其他水产业等。

然而，一切事情总有其两面性。从每年的新闻报道中，我们不时地听到这样一些负面的消息：某某地区遭暴雨袭击、冰雹袭击或连降大雪，将成百上千座塑料大棚破坏，造成严重的直接经济损失。不知听到这些坏消息时，有没有人会提出这样的疑问，这些大棚是谁设计的，他们为什么没有事先考虑过这些灾难到来的可能性。可能绝大多数人会认为，这是自然界的不可抗力，买单的自然是国家和农民。下面给大家讲述一段我与大棚的不解之缘。

我是一位从事结构设计的高级工程师，叫高和林，农民都叫我高老师，退休前曾任内蒙古包头钢铁公司设计院院长。

我与大棚的渊源，还要从我的老同窗、挚友张明说起。1994年的一天，张明找到我，叫我帮他设计一个塑料大棚钓鱼馆，并邀请我一同到北京郊区参观考察。在京期间，我们走访了两家钓鱼馆，也对塑料大棚有了近距离的认识和思考。回到包头后，项目没能得到实施，但对大棚的兴趣却从此产生。不久我和张明、常恒山、赵国签署了高效节能温室合伙协议，并出资建成了第一座塑钢温室。如今我还珍藏着当年的合伙协议书，它见证了我们的友谊和过去。

1996年包头钢铁厂领导提出建设游泳馆，但资金十分紧张，于是采纳了我提出的建立塑料大棚游泳馆的想法。1997年由我亲手设计的中国第一座塑料大棚双标准池游泳馆建成并投入使用，比北京"水立方"提早了10年，我也从此走上了塑料大棚的设计之路。

如今我已退休多年，依然在全国范围内为农用、畜牧用、花木用、水产用、生态用、工矿用塑料大棚的设计与建设作

贡献。先后指导建起了大片养殖猪、羊、牛、鱼，种植蔬菜、花卉、树木的塑料大棚，有的还做成了工业厂房、仓库、农家乐、生态餐厅、钓鱼馆、污水处理间、晾晒棚、小型游泳馆等。我在网络上注册了一个"高老师新型温室大棚推广站"，为大家提供服务。

随着绿色能源光伏发电技术的推广和提高农用耕地的综合效能的开发，大棚群落安置光伏发电成为一种需求。而我设计的带柔性挡风墙的大棚正好成为光伏发电板的合理支架，它满足了光伏发电板不能遮挡的缺陷；可随意调整高度、角度；要有极好的抗风能力，又要临近大棚等需要；同时又能起到加强对大棚后背保温的作用。

大棚设计与其他建筑的设计，依据的标准规范是一样的。因为大棚整体上属于膜结构工程，其骨架以钢结构为主。我曾多次询问过农业大学教授温室大棚的老师，什么原因造成目前大棚支架间距为1米左右，答案是"经验"。我作为土建结构的工程师，对此很难苟同。结构设计要通过荷载计算，才有科学性。十多年来，我设计的支架间距最少也在3米，实践证明，没发生过一起倒塌事件。

温室大棚的种类繁多，其造价也因跨度大小、高矮、膜的层数、选用的建筑材料、要求寿命、所处地区的风、雪、雨等自然条件、单拱棚还是连拱棚、选用塑料膜还是阳光板、是冷棚还是带后墙的暖棚等的不同，而差异巨大。所以，最终还是要根据适用、经济、舒适、耐久、环保等原则去选择最佳的设计方案，方能将造价降低到最合理的范围。曾经有这样一组调查数据，一套科学的设计图纸将给建设者节约等于100倍他所支付设计费的资金。

在我接触建设大棚的人中，有少量这样的人，他们有理想，不满足现有的大棚，但又缺乏力学和热学知识，盲目建造大棚，甚至去做带有危险性的傻事，有的付出了惨痛的代价。其实，不管什么结构，前提都是要有一套科学、合理和详尽的设计图纸，千万不能边施工边琢磨。

大棚建设使用的施工队伍往往是那些没有施工资质的电焊师傅和村里的能人。他们有智慧但缺乏理论指导，为此，我多年来通过手机、QQ等联系方式，指导他们看懂图纸并切磋施工技术，进而总结了一套施工工序，再配以照片供他们参考，收到了很好的效果。其中，有些人从此走上了致富之路。

在我从事大棚事业以来，叫我最感到忧虑的是，时至今日，绝大多数人还没有将设计与大棚联系起来，包括许多主管大棚建设投资的权利部门及领导。他们热衷于四处考察，参观游览，仪式剪彩，就是不看图纸，不进行多方案的比较，不参照工程建设程序。有些地方，照猫画虎，建成了大片的没有效益的"面子大棚"。这些面子工程，即使效果不好，也不需要有人承担任何责任。究其原因我发现，目前国内还没有将大棚设施纳入建筑领域，所有的大型设计院也未将大棚设计纳入业务范围。难怪有的时候，我将大棚图纸白白送给那些需要建设大棚的人手中时，他们感到十分奇怪，还说盖大棚还要图纸？多此一举！盖大棚的队伍脑子里就有图纸，我要图纸有何用，照合同付款就是。更有甚者，他们认为设计院设计出来的东西，纸上谈兵，不可能实用，更不可能经济。从这里我似乎又看到愚蠢的"知识越多越反动"的影子。

近年来，我积累了众多类型的大棚图纸，千余张大棚照片和一部分施工技术资料。但随着我年纪一天天变老，已感体力不支。如何将这些宝贵的资料能更长久地服务于更多有需要的人，成为我的一个夙愿。于是写书成为我唯一的选择。换成一句冠冕堂皇的话：作为1977年恢复高考的第一批大学生，这是我回报人民的最后努力。

在多年的大棚设计实践中，我的大女婿赵斌为我画图，付出了巨大的劳动，包头钢铁设计研究院张帅、孙宪民、班建汉给予我无私的帮助和强大的技术支持，没有他们的帮助，科学设计是不可想象的。在此，我向他们表达深深的谢意。就在此书即将出版的时候，表哥蔡鸿声打来电话，叫我对"塑料大棚"给予以下评价：塑料大棚改变了千百年来农、畜产品的生产方式，也改变了人类以往的食品结构。表哥一直是我的榜样和知音，在这个问题上，我们又一次达成了共识。

我经常接受各类其他非标准大棚的图纸设计，我的理念是：存在就有合理的部分，供需才是市场经济。

QQ是我最常用的交流平台，393380582老高就是我。通过QQ我可以给大家发送大棚照片和图纸，我的邮箱是393380582@qq.com。

联系电话：13947245168，18918321810，13501932031，13311679325。

目录

C O N T E N T S

前言

目录

第五章　大棚膜的安装

第六章　阳光板与普通大棚膜相结合的大棚设计与建造

第七章　还想多说的几句话

作者小传　一位退休工程师的精彩人生

附录1　一篇值得阅读的论文

附录2　见证，大棚合伙协议（1994年签订）

附录3　摘抄

附录4　普通高中地理课程有关太阳辐射的基础理论

第一章

高和林老师大棚的主要
设计思想与特色

目前的日光温室或大棚，存在许多设计不合理的问题，直接影响了日光温室或大棚的发展。高和林是一位专门从事膜结构设计的工程师。从1997年包头钢铁厂双标准池塑料大棚游泳馆设计开始，至今已有16个年头，期间进行了几次结构上的重大改进，使之更加科学、合理、实用、经济、坚固、耐久、保温。设计中高老师本着以下标准要求自己：同等强度，追求造价最低；同等造价，追求材质最优（也就是寿命最长）；同等材质，追求跨度最大；同等跨度，追求强度最坚固。

首先谈一下目前钢结构大棚拱架的几种常见形式，这是高老师从事大棚设计以来所经历的不同地区、条件、功能下的各类支架形式。它们各具优缺点，很难分出优劣，用黑格尔的一句名言："凡合乎理性的东西都是现实的，凡现实的东西都是合乎理性的"，即所谓的"存在即合理"。只有这样，作为一名大棚设计者才能满足不同客户对产品的需求，实现服务于广大农民的承诺。

钢架结构大棚拱架的常见形式

　　然而，在众多"存在即合理"之中还是带有明显的倾向性。下面，就把设计思想与特色介绍给大家，以便广大客户开阔眼界。因为只有多方案选择，才能最大限度地避免投资失误。

第一节　减少支架数量可有效降低大棚的建设成本

　　大棚骨架费用占到大棚全部成本的50%左右，所以大家都在大棚骨架上做文章，以降低造价。比如，选用镀锌钢管或是氯化镁氧化镁材料，也有采用玻璃钢、塑料等材料的。其实，降低大棚建设成本最直接的方法就是减少支架数量。从结构力学来讲：能满足抵抗外来荷载

高和林老师设计的3米支架间距的塑料大棚

（如狂风、大雪、冰雹、暴雨）能力的最少支架，就是最合理的设计。我曾多次询问过农业大学教授讲温室大棚的老师，什么原因造成目前大棚支架间距为1米左右，答案是"经验"。我作为土建结构的工程师，对此很难苟同，还是应该通过荷载计算，才有说服力。10多年来，我设计的支架间距最少也在3米，实践证明，没发生过一起倒塌事件。

第二节　扩大棚内空间能迅速提高大棚的保温效果

　　原因很简单：一碗水易凉，一缸水不易凉。根据这个原理，高和林老师比较倾

向建设高大一点的棚子，这样可延长棚内持续高温的时间，也就是提高了保温效果。如果说得再深一点：白天太阳能转化成热能和化学能储存在棚内的空气、土壤、植物中。其中空气是以三维立体即边长的三次方的方式存在的（如$2^3=8$）。到了夜间，热量是以棚膜表面积的大小散发出去的，而表面积是二维平面，即边长的二次方的方式存在的（$2^2=4$）。目前我设计的跨度为8.5米的大棚，已由常见的3米高提高到4~5米（根据温度分层分梯度原理也不是越高越好）。

高和林老师设计的高度4~5米的塑料大棚

第三节　选好膜可明显延长大棚的使用寿命并能抵御冰雹和大风

这个道理显而易见，但许多人却经常犯"便宜没好货"的错误。目前国内使用的塑料布强度偏低，耐久性差，一般能使用两年就相当不错了，且抗雹、抗风性差，有的每年夏季还要拆卸，十分麻烦。高老师的设计一般建议用获中国名牌产品证书的编织大棚膜。这里面还有玄机：优质膜一般抗拉强度很高，且不会被拉薄。当整个棚子的膜沿纵向绷得很紧时，即使支架间距3米一个，膜也不会因松弛而碰到纵向拉杆，而被外部的压膜线磨破了。在包头地区推荐使用了这种膜，经历了特大风暴和大雪、冰雹的考验，6、7年前在包头建的大棚及薄膜至今还在使用。

目前，还有一种日本技术中国制造的高透光（92%）、长寿（4年）、高保温、高强度的流滴膜，以其卓越品质为农作物创造理想的环境。

第四节　单拱双侧落地式大棚最具优势

单拱双侧落地式大棚是指每个大棚支架是一扇完整的拱，拱架两端双侧落地。

这种大棚，最能充分利用土地、跨度最大、最坚固耐用、造价也最低廉。

这种大棚白天接收太阳照射的时间较带后墙的温室长，且不受朝向限制。有人测定：南北向透光量比东西向大棚多5%~7%，光照分布均匀，棚内白天温度变化平缓。因此大棚多采用南北走向（即南北长）。

目前一般称带后墙的半拱结构为日光温室，俗称暖棚，而将单拱双侧落地无砖墙的称为大棚，俗称冷棚。其实冷、暖与墙没有关系，应该说覆盖保温被的是暖棚，无保温被的是冷棚。其实，单拱双侧落地的无砖墙的冷棚，也是可以加盖保温被的，经实践证明，效果也不差。只是大棚两个端部必须做成中空双层透明膜结构，以阻止大棚内部热量从这两个端部散失。这一点，目前实现起来也很容易。

我认为，对于不带后墙的冷棚白天由于没有墙体在与地面争夺室内太阳辐射带来的热能，可使得地面能够蓄积更多的热量。到了夜间地面放热量必将有所增加。其热流方向及周期热量变化的缓冲都将优于墙体。问题的关键是"冷棚"必须要与"日光温室"覆盖同样厚度的"保温被"，这一点随着底推式卷被机的广泛使用已得以实现。这里要注意的是在大棚两端部保温被要用8号铁线与棚架捆牢，以防止保温被在光滑的大棚膜上错位。

　　当然，其他结构及选材大棚的广泛存在也是有它一定的道理。作为一名大棚设计师，近年来，高老师也同时设计各地用户执意提出的各类选材及结构的塑料大棚图纸，只是将上述的这段话同时告诉给大家，有许多用户因此改变了最初的想法，从而节约了大量的投资。

第五节　增设端部抗风柱、开设门窗

目前，国内绝大多数冷棚不设门窗，造成设备、人员、产成品进出十分不便。究其原因，主要是不知道如何开设门窗。随着压膜槽的推广，问题变得十分简单。高老师设计的大棚端部全部采用垂直山墙，设立门窗框架，并在其上焊上压膜槽，

从而使两端的棚膜固定在门窗框架之上。这既解决了门窗、烟筒、风机等的安装问题，改善了通风条件，又避免了棚膜埋地过程中遇到的种种困难，同时也便于棚膜的松紧调节。

这里特别要强调的是增设端部抗风柱，这是高老师大棚的独到之处，它既满足了大跨度建筑物设计规范的要求，大大增强了大棚的整体抗风能力，实践中效果也十分理想。由于大棚端部全部垂直于地面，取消了斜拉绳，有利于端部中空双层膜的实现，同时节约了土地。

第六节　大棚受力拱架与支撑棚膜的副拱架分离可降低造价

将大棚受力拱架与支撑副架子分离，充分发挥各自应有的作用，从而降低造价，这是高老师设计大棚的一大亮点。

经过深入分析，高老师发现大棚拱架不单单是受力构件，还有一个功能，就是要支撑塑料膜，使之形成最理想的形状（这一形状可减少风阻、利于排水、防止雪害、美观流畅等）。经计算，受力拱架间距3.4米就够了，但间距加大后，大棚膜中部

塌腰，兜风、积水成为问题。为此，高老师设计的大棚采用了在两个受力拱架之间，加设一道或两道用直径12毫米的圆钢做成的支撑棚膜的副拱架，效果十分理想。节约了投资，做到了物尽其用。

◤第七节　采用空间拱形桁架结构有效增加大棚强度

传统的大棚钢桁架结构，都是采用上下拱用钢管，中部腹杆用钢筋焊接成的平面桁架，使用中发现了许多缺点：一是由于平面外刚度很差，施工立架子时常会发生变形；二是遇到旋风时整个大棚会产生扭曲破坏；三是钢材从里往外锈蚀严重，影响到使用寿命，近年来已很少使用。目前，高老师推荐采用并设计的多是三根钢筋焊接的三角拱架，这是一种立体空间桁架结构，与平面桁架相比，克服了上述的缺点，且省工省料，强度较平面桁架提高数倍，还可进一步扩大拱架间距，从而减少了拱架的制作数量。另外，钢筋煨弯远比钢管简单、准确，立架子时非常省工。当然，如果大棚跨度大于15米时，采用钢筋的受力拱架强度就显得有些单薄了，此时换成钢管，仍是采用立体空间结构，跨度就可增加到27米。

第八节　利用棚内边缘土地，增加拱架垂直段

可在传统圆拱大棚的基础上增加拱架垂直段。

一般的大棚拱架的形状主要从几个角度考虑：跨度要满足土地宽度；高度达到使用要求；弧度考虑太阳的入射角度；曲线要适合抵御风、雪、雨、雹，于是便有了"肩"的概念。高老师大棚干脆走了极限，将边缘垂直起来，但如何与拱弧段平滑过渡，这也是一大亮点。

加了这一垂直段后，不但使棚内土地得以充分利用，同时又为两侧砌筑墙体、开设门窗提供了可能性。令人意想不到的是，增加垂直段也为实现联栋大棚提供了新的思路，这一点在下面章节中有单独详细介绍。

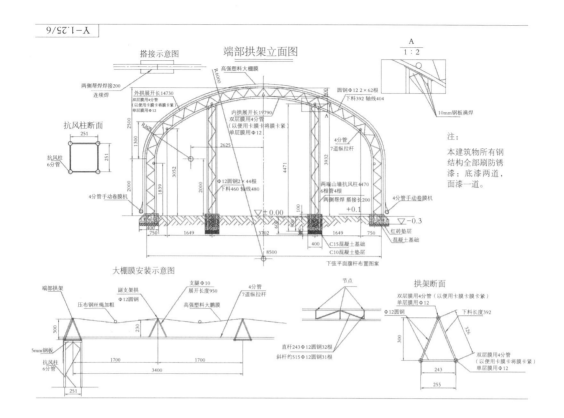

第九节 扩大塑料大棚的使用领域

许多人常问高老师，"你是学农业的吗？"他们以为塑料大棚是农业项目。其实塑料大棚属于建筑学科中的"膜结构"范畴。只是普遍用于农业，2008年北京奥运会"水立方"游泳馆是膜结构工程的极致。高老师于1997年亲手设计了中国第一个塑料大棚双标准池游泳馆，比"水立方"早了10年，也从此走上了"塑料大棚"设计之路。如今高老师已退休多年，依然在全国范围内为农用、畜牧用、花木用、水产用、生态用、工矿用塑料大棚的设计与建设作贡献。先后建起了大片养猪、养羊、养鱼、养牛、蔬菜、花卉、树木大棚，有的还做成了工业厂房、仓库、农家乐、生态餐厅、钓鱼馆、污水处理间、晾晒棚、小型游泳馆等。

甘肃某环形池大棚

山西柳林花卉大棚

养鸡大棚

塑料大棚生态餐厅

蔬菜大棚

24米跨双层洗煤厂煤泥池冬季图

山东阳谷瓜果菜大棚

大棚加工车间

预制板生产用大棚

住宅连体大棚

鹅鸭大棚

大棚体育馆

带天窗的连体农研所大棚

生态大棚

江西葡萄大棚

园林饭店

姓名：段妁蓉
班级：11中美（2）
学号：11060B057
指导老师：高钰

平面图 ▼

效果图 ▼

效果图 ▼

设计说明 ▼

因地制宜原则：在这样植物上，延马路一带的绿化和树木起到隔绝噪音、吸尘、吸收汽车尾气的的作用，所以选择吸尘力强耐污污染的。在水景观中，广场水池水温的池杉，营造平富野趣的水体景观。

设计风格：充分发挥绿地效益，满足不同要求创造一个幽雅的环境、陶冶情操。坚持"以人为本"充分体现现代的生态环保型的设计思想。

植物配置：在植物种类上有乔木、灌木、草本、蔓类、落叶、常绿、针叶、阔叶等。在色彩上，花的颜色、叶的颜色，茎的颜色呈现多样性。在植物空间层次上使乔木、灌木、草本、花卉等植物层次丰富多态。

营造数景：广场绿化可以使空间具有尺度感和方位感。树木本身还具有指引方向、遮阳、净化空气等等多重功效。绿化也可以作为重要的景观设计元素。

landscape design

辽宁养鱼、钓鱼大棚

辽宁污水处理大棚

包头大棚游泳馆

甘肃养殖大棚

日光温室

吉林养羊大棚

陕西蘑菇大棚

第十节 棚内增加防雾滴伞

关于大棚到了冬季的结露问题，许多人问是否能避免。答案是：不能，这是物理现象，是温差、湿度、水的张力和饱和水蒸气浓度的综合问题。但避免由于露滴带来的危害是有办法的。首先是大棚的拱顶弧度的选择，太平缓的不利于露水顺着棚膜下滑，所以拱顶要高耸一些。其次就是选择棚膜要光滑一些的或是有纹理的，露水顺着棚膜纹理有利于下滑。还有一种最彻底的办法就是在养殖大棚内设防水滴伞，防水滴伞要利用围栏做骨架，以减少投资。在棚内增加防水滴伞，还可以解决夏季遮阳问题，如果围出棚内小房，也可作为产房、羔房或生活工作间。

这也是一种设计思路，即凡是将一种材料发挥它两种以上功能时，成本就会降低。

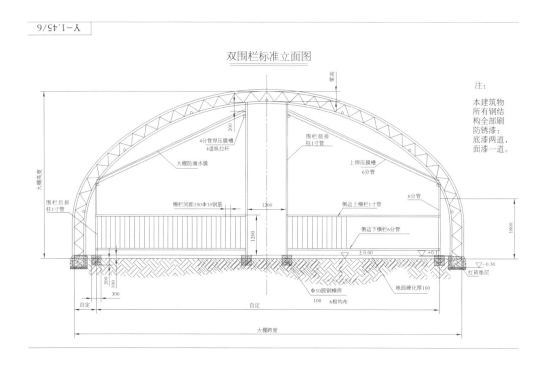

第十一节 温、冷两用大棚

在普通拱棚跨度大约2/3处设置纵向活动分割段，挑战目前最原始的后砖墙带卷帘被的日光温室大棚，以多重中空大棚膜代替砖墙。可以大幅度降低建设成本（50%），节能环保，提高抗风雪能力，又便于常年施工，实现了冬季加盖棉被就是暖棚，夏季卷起棉被变成冷棚（见第四节名称解释）的革命性突破。有关实测数据可详见本书附件3。

　　目前，社会上流传了一种理论，说是后墙砌得越厚，就可以增加蓄热量，从而提高棚内夜间温度。在这种理论支配下，有的地区后墙已建成6米厚。高老师曾力图想用热学原理来解释这种做法，很遗憾是，至今也没有人能说清楚。以讹传讹，却根深蒂固。其实，厚墙对白天太阳能的摄入没有提高作用，夜间厚墙即使保温效果再好，热量也会从建筑物保温最薄弱的地方散失。再者厚墙释放热量的热流方向是斜上方，对下部的农作物作用不大。真正起保温作用的是前脸的棉被和土地中储蓄的热量。

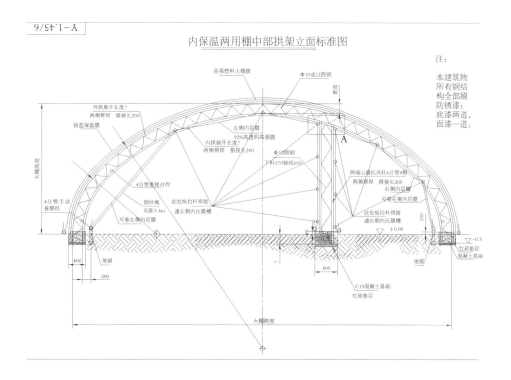

内保温两用棚中部拱架立面标准图

第十二节　几种架空双层膜保温大棚

　　建造这类双层膜大棚是众多大棚建造者多年追求的目标，但至今尚未见到满意的方案。其中有一种充气式双层大棚，但从理论上和实践显然都有些问题。

目前，我设计的双层膜大棚有4种形式。

1. 最直观的即本身膜是中空双层的

目前，生产这种膜的厂家很多，主要品种有PC板和PE板两种。将在本书第六章阳光板与普通棚膜相结合的大棚中做详细的介绍。

值得注意的是，这种优质的中空板为何没能得到广泛使用？我分析有以下原因：

一是，材料单价偏高，但这不是最重要的，通过设计优化，是能将整体造价明显降下来的，比如进一步减少支架数量，或与普通膜相结合，各自发挥优势。

二是，这种中空板的施工难度比起普通大棚膜要复杂得多。可当下，全国大棚制作的主力军是电焊工以及村里的能人。请专业队伍建造大棚仅限于国家或集体投资的项目，中国农民的思想方法是要将命运掌控在自己手里，对于外来的专业队伍，他们不敢相信，更不会去做吃螃蟹的第一人。

三是，比起塑料膜来说，中空板由于接缝过多，造成大棚顶部细小缝隙，成为热量散失的通道，这一点很容易被忽略，俗话说：针鼻大的孔眼，碗大的风。解决的方法就是顶部再覆盖一层银蓝保温膜，既防止了对流，也减少了辐射，同时还削弱了传导，效果是明显的。

可见，横亘在中空板与广大农民之间的障碍不过是：缺乏一份详尽廉价的设计施工图和图文并茂的施工工序说明。有了这两份材料，村里的能人便能自己将大棚建造起来。目前，我正在着手开展这两项工作，以实现将最先进的技术和材料推广出去的那份知识分子应尽的天职。

2. 是采用内部透明吊顶结构

这种结构需要在棚内两端树立

内部支架，以保证端部和拱形部分生成密闭式中空，拱面部分用压膜槽将内膜吊起，内膜下部设卷膜器，目的是，白天将内膜卷起一部分，使阳光尽可能多得射入大棚（因为双层膜的合成透光率只有60%左右，不利于太阳能的采集），晚上卷下来，形成中空（静止的中间空气层能起到阻滞热传递的作用）。这种大棚制造的关键点和难点在于吊顶的施工质量要求较高。

3. 双层支架架空双层膜保温大棚

这也是许多人探讨过的双层钢骨架命题，可惜效果也都不理想。其中上膜、换膜就是一大难题，且成本高，施工精度要求也很高。下面介绍一种奇特的方案，解决了上述的各道难题。这种方案的名称叫："柔性塑料瓶串支架架空双层膜保温大棚"。其方法就是在普通建成的单层大棚上，增加多道（与拱架数量一致）"三个一组式塑料瓶串柔性支架"，并将其放到单层

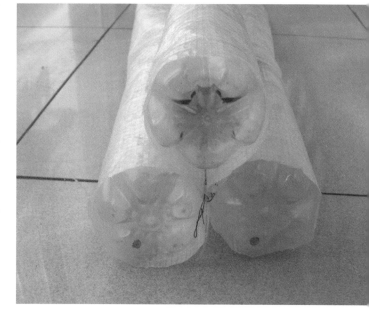

大棚拱架正上方，下端栓到事先为其埋设的地锚上，勒紧，使之不能自由窜动。此时第一层塑料膜已经被夹到大棚钢架与塑料瓶串柔性支架之间。再将第二层膜放到塑料瓶串柔性支架之上，绷紧，两端固定。由于3个一组式塑料瓶串有一定高度，于是第二层膜与第一层膜之间就形成了中空，这样柔性塑料瓶串支架架空双层膜保温大棚就也诞生了。"三个一组式塑料瓶串柔性支架"是将许许多多矿泉水瓶用两根细钢丝绳穿连起来做成的。这种双层膜很难实现白天单层，晚间双层的状态，一般用于高级场馆。

另外，还有一种双层大棚还在实验中，详见本章十八节。

第十三节　带后砖墙和卷帘被的日光温室大棚

目前，墙体材料主要有干打垒土墙、砖石结构墙、复合结构墙3种。高老师的设计是在目前常用温室大棚结构的基础上加以改良，使之更加坚固耐久，跨度更大，又要降低了建设成本。这就要从原理上解决问题。

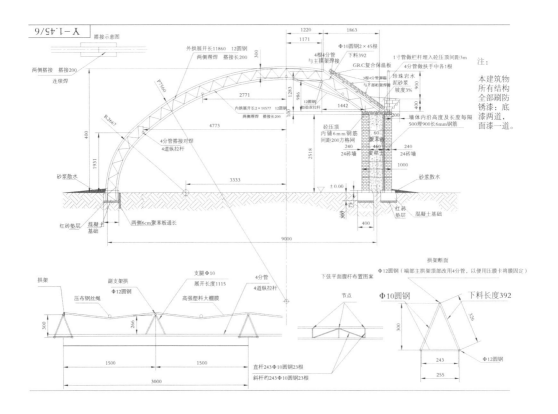

我在前面第十一节中曾经提到了关于后墙的保温蓄热原理。后墙除了保温蓄热功能外，从大棚结构受力角度考虑，还要承受拱架的推力，以及承受上方坡屋顶及其上站人的荷载。墙体太薄了，就无法抵抗这些外力。所以，目前的温室后墙普遍很厚，造价也就随之上去。

减少后墙厚度的有效方法是将拱架不再搭在后墙上，而是将拱架靠墙一端增加立柱，使其自身形成框架，墙体只起封闭作用。后墙的保温以粘贴聚苯板效果最好。另外，还建议取消上人屋面斜坡屋顶，理由是：上人屋面斜坡屋顶造价很高，且不安全。目前各类大棚保温被的卷被机使用效果都不错，一般为下推式和侧卷式，并不需要人再上棚顶卷被了。

还有，工人休息室可以建在棚内，这样既改善了工作环境，又降低了建造棚外生活间的不小成本。

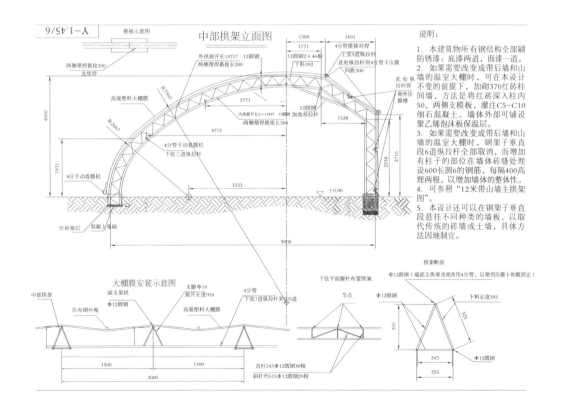

第十四节　3 种类型的连栋大棚

1. 常见的带排水沟的多跨整体式连栋大棚

这种连栋大棚是以镀锌钢管为主材的焊接整体式或装配式大棚，此类大棚给人的感觉是视野宽阔，外形美观，土地利用率高，现代化气息浓。

但这类大棚一般都是花国家的钱或是集体的钱建设的。因为造价很高，钢管抗锈蚀能力差，保温、隔热性差；抗风雨雪的能力低；以及由于通风不好，夏季棚内中部高温、高湿危害农作物生长等缺陷，所以，目前个人很少投资建造。另外，这类大棚就其每一拱而言一般不超过8米，要求更大跨度，造价会明显提高。

2. 联栋大棚

联栋大棚是以钢筋为主材，配少量4分管，比第一类以镀锌钢管为主材的，不但强度能增加两倍而且能大幅度降低成本。另外，这类大棚的每一拱都可实现更大跨度，甚至可实现不同跨度和不同高度的组合。不过，这类大棚依然存在造价较高，保温、隔热性差，抗风雨雪的能力低等缺点。下面再介绍另一种更适合推广的"分体联栋大棚"。

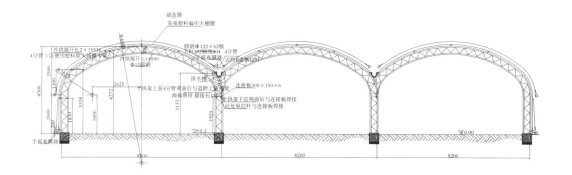

双层联栋大棚中部主拱架装配图

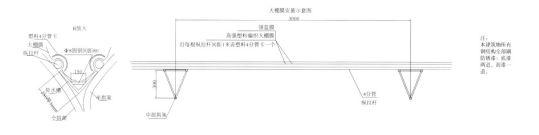

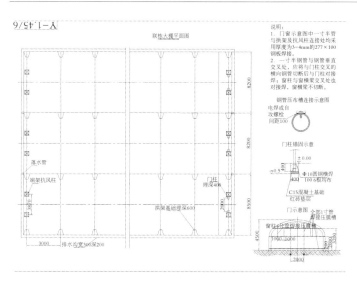

3. 分体联栋大棚

这是一种更适合推广的"联栋大棚"。为什么要加引号？就是因为上面介绍的两种联栋大棚存在的造价高，保温、隔热性差，抗风雨雪的能力低等缺点，是由于"联栋"引发的，无法通过改良来解决。如果能跳出传统的思维框架，这一问题即可迎刃而解。

这种分体联栋大棚，是将单体大棚，棚棚相邻，在地面设砖砌排水槽。可单体隔断亦可连通使用。其优点是：增加了强度、增大了单体跨度，降低了成本，又解决了排雨雪不畅和压膜线难以设置的难题。

大棚相邻区域的做法：棚与棚之间间隔40厘米，用红砖砌成排水槽，排水槽内设地锚，最后用水泥砂浆抹灰。要防止大雨时水倒灌棚内。

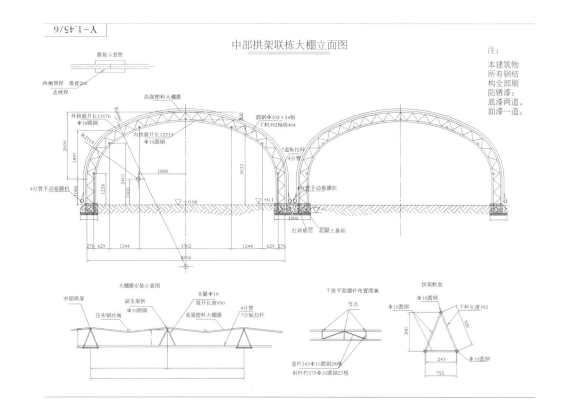

中部拱架联栋大棚立面图

第十五节   住宅连体大棚

住宅连体大棚，顾名思义就是将大棚拱架与农民住宅墙体连在一起的大棚。这种大棚既利用了住宅门前的土地用于农作物的生产，又可以利用大棚节能保温的特点，使北方地区农家住宅冬季减少采暖，同时还提高了室内湿度，夏天能遮阳挡雨。北方的农民过上了江南的生活。

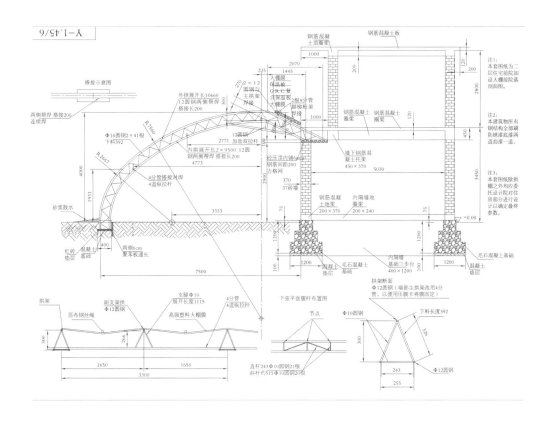

第十六节　带保温被的"冷棚"

目前一般称带后墙的半拱结构加盖保温被的大棚为日光温室，俗称暖棚；而将全拱双侧落地的无砖墙、无保温被的称为大棚，俗称冷棚。可见，是否覆盖保温被，是暖棚、冷棚的标志。

冷棚从结构上有天然的优势，它属于膜壳结构，比起暖棚，它造价低、强度好、空间大、土地利用率高、对朝向无特定要求。所以数量上，冷棚大大多于暖棚，特别是由个人投资的大棚。

然而，一般意义上的冷棚没有保温被导致夜间棚内热量散失严重是其存在的最大问题。究其原因主要有两点：一是冷棚山墙只是一层塑料膜，保温性不好；二是暖棚的保温被是有人站在后墙顶上往上拉，而冷棚是膜结构不能上人，无法仅仅依靠人力在棚上加盖保温被。

有没有给冷棚盖保温被的方法呢，当然有。经实践证明效果也不差。2009年高老师发明了一种"非中空双层膜大棚"，其拱曲面依然覆盖普通大棚膜，但在其上部，铺设棉、毡（其原理是减少传导带来的热损）或银蓝色反光保温膜（其原理是减少辐射带来的热损）作为保温被。清晨将保温被卷起（可双侧卷也可单侧卷），晚上将保温被落下。大棚两端做成中空双层透明膜的结构，以提高保温效果。这种带"保温被"的双层膜大棚在全国许多地区建成，反映不错。这一设计，实现了从带保温被有后墙的暖棚到全拱双侧落地式带保温被无后墙的"冷棚"的历史性跨越。这种优越性体现在：它克服了冷棚保温性不好的缺点，并在继承了冷棚造价低、强度好、空间大、土地利用率高、对朝向无特定要求等所有优点基础上，更有其独特的优势。且夏天还可以遮阳，降低棚内温度，从而能够延长大棚种植期1~2个月。另外这种"双层膜大棚"，与带保温被有后墙的暖棚相比，降低了建设成本，降低了劳动强度，又避免了大雪将大棚压塌。

其实，寒冷季节大棚的理想状态是：白天大棚是单层膜，以最大限度地将太阳能吸收到棚内土地上和植物上。太阳落山后，大棚外加上一层保温被，以最大限度地将白天吸收到土地上和植物上的太阳能保存起来，直至第二天太阳升起。而高老师设计的拱棚，就是本着这一原则开展的。另外，实践告诉我们，选择适合的保温被及卷膜机（卷被机）也是至关重要的。

第十七节 | 大面积池塘冬季保温大棚

　　针对目前大面积池塘冬季保温大棚的需求，高老师设计了多跨连拱水面连接的大棚方案，解决了大面积池塘冬季保温的难题，又实现了排雨雪顺畅。但这种大棚只适合于池塘内可立桩柱的较浅水位区域。比起目前设高中立柱大棚有明显的结构优势。

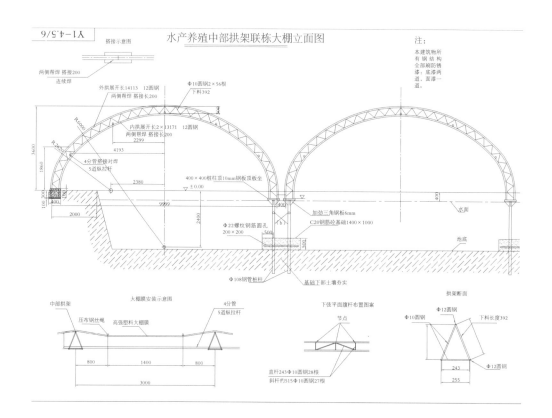

图一 水产养殖中部拱架联栋大棚立面图

第十八节　大棚遮阳网的放置及通风口的设置

1. 大棚遮阳网的设置

棚内温度因遮阳网覆盖有所下降，特别是地表和土壤耕作层降温幅度最大，以某一地区为例：10~14时，大棚上部温度高达37~40℃，而地表植株周围温度在22~26℃，土壤温度在18~22℃，适宜作物生长。因为太阳是斜射的，平顶的遮阳网

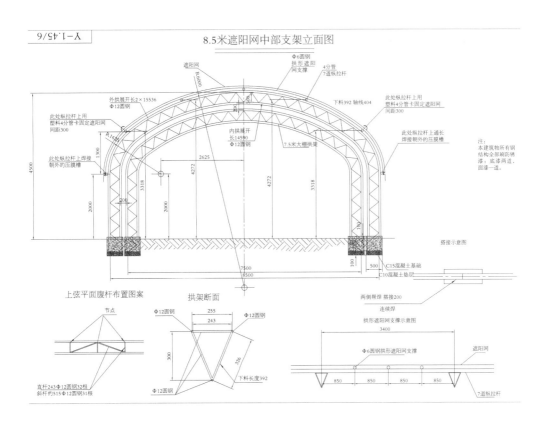

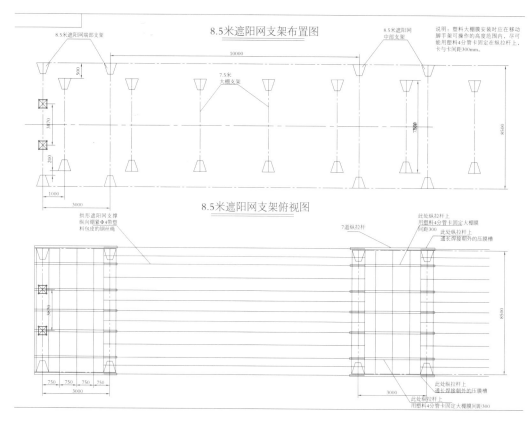

8.5米遮阳网支架布置图

8.5米遮阳网支架俯视图

往往与大棚需要一个平面错位，需要占用一部分土地。而采用同弧度大半径支架做遮阳网支撑，既坚固又便于制作。另外，同弧度大半径支架还有一个作用，就是到了冬季，再加盖一层大棚膜，绷紧，则新一种中空双层大棚便发明出来，但这方面的实践经验还不多。

2. 通风口的设置

在大棚上设置通风口，通风换气可以解决棚内温度过高的问题，同时也可以增加棚内二氧化碳的浓度和降低棚内湿度。

有关通风口设置在哪里效果最好的问题，是在大棚两侧还是在大棚两端？是位于底部、腰部、中部还是顶部？理论上讲，设置在大棚两侧越上面越好。但设在顶部会带来许多问题，比如，顶端的通风口使得大棚的保温性和防雨雪能力大幅度降低，开启的过程也比较困难。目前常见的是在大棚两侧底部或腰部一米高度处开设通风口，这在北方效果不错，但在江南，上部就有些闷热，这时可以在大棚的两个端部设置通风口，高低搭配，既制作简单，效果也不错，如果再安装上鼓风机和引风机效果就更好了。

还有一种在大棚两侧中部设置通风口的，实践证明，效果很好：做法就是在大棚拱架两侧设置两米垂直段，在其上方2~2.3米高度处，沿大棚四周开设通风口，这有利于高处的空气流动。

设置湿帘及风机，采用湿帘风机降温系统

在炎热的夏季，为了满足温室内的温度要求，目前经常采用湿帘降温装置加风机组成的湿帘风机系统，此种方案对温室降温效果明显，投资比较少，目前在各种温室中被大量采用

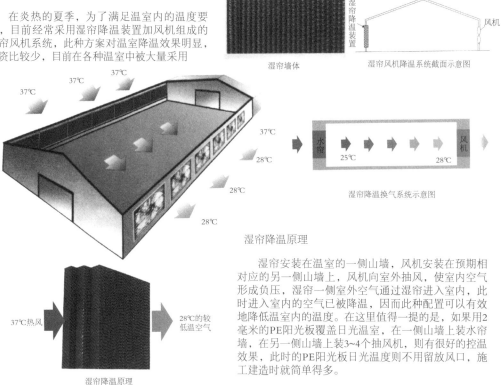

湿帘墙体

湿帘风机降温系统截面示意图

湿帘降温换气系统示意图

湿帘降温原理

湿帘安装在温室的一侧山墙，风机安装在预期相对应的另一侧山墙上，风机向室外抽风，使室内空气形成负压，湿帘一侧室外空气通过湿帘进入室内，此时进入室内的空气已被降温，因而此种配置可以有效地降低温室内的温度。在这里值得一提的是，如果用2毫米的PE阳光板覆盖日光温室，在一侧山墙上装水帘墙，在另一侧山墙上装3~4个抽风机，则有很好的控温效果，此时的PE阳光板日光温度则不用留放风口，施工建造时就简单得多。

湿帘降温原理

另外通风口在降温问题上也不是万能的，当对棚内环境温度、湿度要求比较高的时候，还是需要配备电动鼓风机、引风机以及水帘、喷淋、加湿器等设施。

第十九节　实用型新专利——柔性挡风墙

随着近期高老师的又一项"实用型新专利——柔性挡风墙"的颁布，北方地区防风、治沙、防雪埋的人工"速生林"(柔性挡风墙)开始推广，并显示出强大的生命力。

这一发明对大棚到底有什么实际意义？在有些地区，季风有时十分强大，以至于该地区不适合建设大棚。如果有一种方法能改变这里的局部风环境，则在这个地区建设大棚，就成为可能。

众所周知，防风林有防风、防沙、防雪埋的功能，能起到改善局部小环境的作用，目前已在改变城市环境、农田环境、道路环境、工厂环境等领域被广泛使用。然而，由于传统的防风林存在一系列难以解决的现实问题和困难，直接影响和制约了防风林的发展。分析起来，存在几种问题：

（1）造价高，一次性投入大。

（2）生长慢，见效时间长。

（3）成活率低，维护成本高。

（4）一旦遇到自然或人为破坏，恢复较困难。

有没有一种方法能够克服或减弱这些问题和困难呢？答案是肯定的。即建设一道或几道人工柔性挡风墙便能起到防风林抵挡风沙的功效。

柔性挡风墙主要是由刚性三角断面立柱和柔性挡风膜两种材料组成。

本发明要点就是提出在这种柔性挡风膜材料上开设各种类型的孔洞。再根据不同地区30年一遇的最大风力，设计各类孔型及排列顺序，这些孔洞要有自动调节风

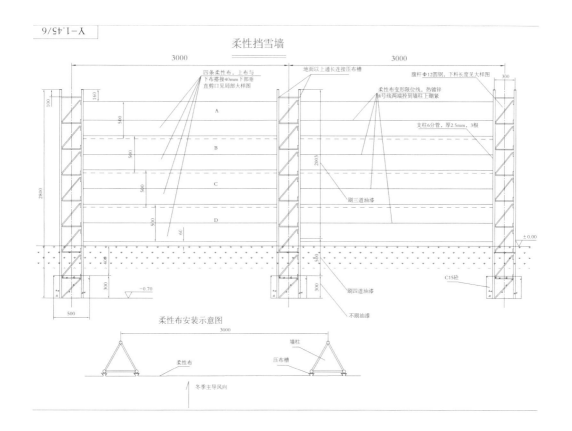

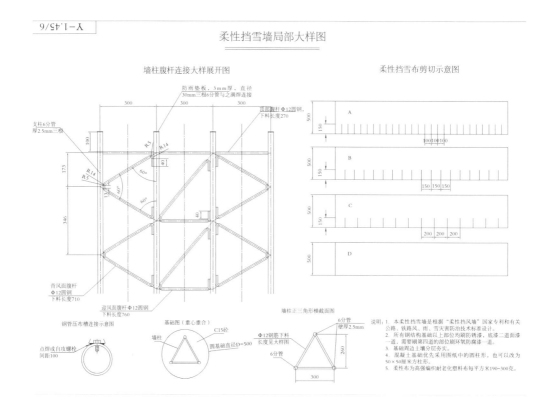

柔性挡雪墙局部大样图

速的能力，风力过大时，孔洞开启，合理释放部分风力，从而达到在确保柔性挡风墙结构不受破坏的前提下，最大限度地起到降低风速和阻滞扬沙、扬雪的作用。目前本专利已经在内蒙古地区开始试用。

根据这一发明，在某大棚群的上风头建设一排或多排这样的挡风墙，再对这一大棚群进行合理的布局，比如离上风头近的地方建矮小一点的大棚，远离上风头再逐步加高、加大。这样一来，狂风被逐级减弱，从而提高了结构的抗风能力。

第二十节　带光伏发电的塑料大棚

随着光伏发电技术的推广，大棚群落安置光伏发电成为一种需求。而柔性挡风墙的立柱正好成为光伏发电板的合理支架，它能够满足了光伏发电板不能遮挡大棚，可随意调整高度，要有极好的抗风能力，又要临近大棚等需要。后排柱同时又能起到某种挡风墙的作用。

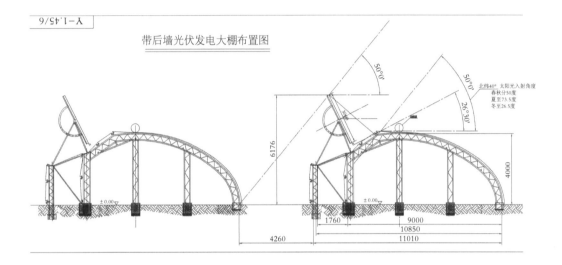

带后墙光伏发电大棚布置图

第二十一节　十多年高老师部分新型塑料温室大棚成果展示

　　采用或借鉴高老师设计的新型塑料大棚图纸，建造起来的大棚几乎遍布全国所有省份，有些图纸还发到俄罗斯、欧洲等国。其中从内蒙古、辽宁、江西、甘肃、河北、江苏、广西、山西、陕西、山东、河南等十几个省反馈回来建成的照片、数量也达数千余栋，涉足的领域涵盖农业、林业、畜牧、水产、娱乐、仓储、生态园、环保等领域，效果良好，有的还经历了特大风暴和大雪、冰雹的考验。6年前在包头建的大棚，至今膜未换，还在使用。就其造价而言，即使买国内最好的材料制作的普通种植大棚，每平方米材料费也仅20多元，是目前同类大棚中造价最低、强度最高、寿命最长的纪录。

　　十几年来，高老师免费负责教会客户和焊大棚架子的师傅看懂高老师设计的大棚图纸，并在网上讲解施工技术。目前高老师已制作了各类影像图片，以便于大家更直观的了解。

　　目前拥有的大棚图纸跨度有6米、7米、7.5米、8米、8.5米、9米、10米、12米、13.4米、15米、16米、18米、20米、22米、25米、27米等。使用功能分：养殖、种植、水产和生态。强度等级为三类：普通型（抗8级风，中雪）、加强型（抗9级风，大雪）。十级以上大风地区可采用加强型图纸并适当加密拱架间距。

　　QQ是我最常用的交流平台，393380582老高就是我。通过QQ我可以发送大棚照片和图纸。我的邮箱是393380582@qq.com

　　联系电话：13947245163，18918321810，13501932031，13311679325。

第二章

关于影响大棚
造价的因素

许多人询问大棚造价，这个问题，很难一下回答。因为，大棚造价因其跨度大小、高矮、膜的层数、选用材料、要求寿命、所处地区的风、雪、雨等自然条件、单拱还是联拱、选用塑料膜还是阳光板、是冷棚还是带后墙的暖棚等不同，差异很大。最终是要根据选定的图纸做预算才能知晓。另外，大棚造价也不是越低越好，适用、舒适、耐久、环保都是要付出一定代价的。一般情况下，有以下几种因素会影响造价。

第一节　科学设计是降低造价的关键和前提

科学设计可以降低造价。因为，只有经过力学计算，才能选择最小的钢材断面和最大的拱架间距，从而使材料的力学性能既得到充分发挥，又不至于出现强度问题。用材减少了，成本自然会降下来。以我设计的6.5~13.4米跨度的标准单层单栋双侧落地大棚为例，其钢材用量仅为：普通型15元/米^2、加强型16元/米^2、坚固型17元/米^2。

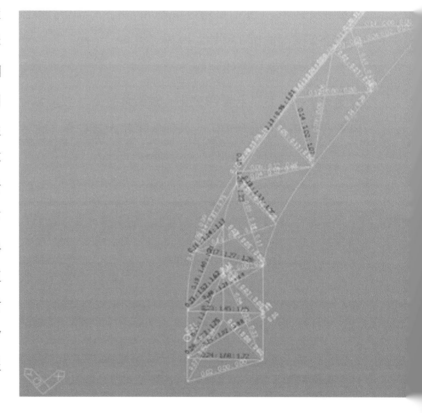

　　曾经有这样一组调查数据，一套科学的设计图纸将给建设者节约相当于几十倍他所支付设计费的资金。

第二节　高度增加，造价增高

　　高度增加，材料用量就会增多，也会增加造价，但同时会带来许多好处（有关章节有详尽介绍）。根据材料用量粗算：每增高1米，钢材和塑料布两种主要材料费每平方米增加5元。

第三节　双层膜需增加投入

　　如采用双层膜则每平方米再需增加10元投入，包括膜及配套材料。

Y-1.45/6

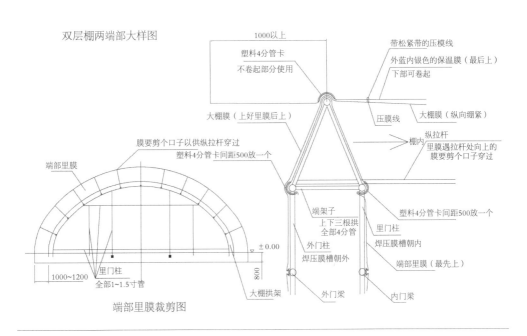

双层棚两端部大样图

1000以上

塑料4分管卡
不卷起部分使用

带松紧带的压模线
外蓝内银色的保温膜（最后上）
下部可卷起

大棚膜（上好里膜后上）

压膜线　　大棚膜（纵向绷紧）

膜要剪个口子以供纵拉杆穿过
塑料4分管卡间距500放一个

棚内
纵拉杆
里膜遇拉杆处向上的膜要剪个口穿过

端部里膜

端架子
上下三根拱
全部4分管

塑料4分管卡间距500放一个

外门柱

里门柱

焊压膜槽朝内

端部里膜（最先上）

±0.00

里门柱

800

1000~1200
全部1~1.5寸管

焊压膜槽朝外

大棚拱架

外门梁

内门梁

端部里膜裁剪图

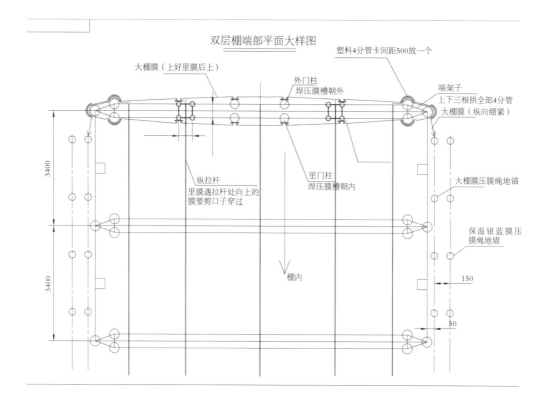

双层棚端部平面大样图

大棚膜（上好里膜后上）

外门柱
焊压膜槽朝外

塑料4分管卡间距500放一个

端架子
上下三根拱全部4分管
大棚膜（纵向绷紧）

纵拉杆
里膜遇拉杆处向上的
膜要剪口子穿过

里门柱
焊压膜槽朝内

大棚膜压膜绳地锚

保温银蓝膜压
膜绳地锚

棚内

3400

3400

150

50

第四节 跨度对造价的影响

跨度6~13.4米，造价差异不大，这一点很重要，能用如此小跨度的造价去建设13.4米大跨度的大棚本身就是奇迹。但大于13.4米后，每增加2米，造价将要增加50%左右，其原因是由结构力学决定的：跨度增加必然高度增加，风力也随之增加，到了一定量时，原有的

山东阳谷李台镇145个连片大棚（单棚跨度13.4米）

包头水泥预制厂

材料已不能满足强度要求，必须改用其他强度更高的材料，成本自然也就上去了。

解决更大跨度降低造价的最有效的方法是，在大棚中部或1/3处加设中柱。只要不影响使用，是可行的。

第五节　结构选材对造价的影响

结构是大棚的脊梁，也许有人会说，越贵的钢结构材料建造的大棚就越好。其实物尽其用、恰到好处才是理想的选择。目前常用的大棚结构有竹木结构、钢木结构、钢筋混凝土结构、全钢结构、全钢筋混凝土结构、塑钢结构、镁材料结构、悬索结构、热镀锌钢管装配结构等。可谓是"百花齐放，百家争鸣"。

在这些结构里面最理想的是钢筋刷油漆的全钢结构的大棚，因为这种结构的大棚受力最合理，造价也就相对最低。具体原因详见其他章节。

钢筋刷油漆的全钢结构的大棚

热镀锌钢管装配结构的大棚

镁材料结构的大棚

第六节　大棚的使用寿命与造价成正比

　　比如高老师推荐使用的编织高强塑料大棚膜，可一次性使用6年以上，其单价要高于普通吹塑膜。但当我们通过科学设计，减少钢材的用量，省出来的钱，也足以弥补与普通膜的价差。另外从长期使用来看，摊销到每一年的费用，不高反低。

　　目前，还有一种日本技术中国制造的高透光（92%）、长寿（4年）、高保温、高强度的流滴膜。这种膜除寿命略低于编织农用大棚膜，其他指标均有优势，深受农民兄弟的喜爱。

编织高强塑料大棚膜（寿命在6年以上）

普通吹塑膜大棚

第七节 自然条件对大棚造价的影响

所处地区的风、雪、雨等自然条件要求大棚的抵抗强度及形状的差异，也会影响大棚造价。比如沿海地区，有台风袭扰，所以骨架间距要适当加密，高度也尽量压低，曲线要合理，以减少风荷载。东北、山东沿海冬季雪大，就需要将棚子顶部设计的高耸一些，以利于雪的滑落。在西北地区，棚子的长度就不宜过长，这有利于大风的分流。

江西连片葡萄大棚

第八节　单栋大棚造价明显低于联栋大棚

　　原因有以下几点：首先是连拱大棚受力十分复杂，力学计算难度极大，以至于主要凭经验设计，这就难免取大避小。二是排水槽的造价很高。三是雨雪荷载难以自排，都要由骨架或塑料膜承担，而提高承载能力最终都要通过提高造价来解决。

联栋大棚

单栋大棚

第九节　选用塑料膜还是阳光板对大棚的造价的影响

目前许多高档的大棚是用阳光板做覆盖层，因为阳光板透光率、保温性、寿命都优于大棚膜，所以有一定优势。有关这一点，在本书第六章《阳光板施工全工艺》中有详细的介绍。

不过，阳光板价格较高，夏季棚内温度高，通风口设置难度大，零配件繁琐，设计图纸较为复杂等。而采用塑料膜，除去造价低的优点，还有其他优势(其他章节有述)，所以更适合广大用户选用。

第十节　带后墙的结构造价要远远高于单拱双侧落地的拱棚

原因就是砌砖墙的费用很高，上人的屋顶部分费用更高，而且墙后的土地被墙体遮挡住阳光而不能很好利用，土地的浪费也直接影响到投入产出。

然而从目前的实际情况来看，这种带后墙的暖棚仍是国内温室大棚中的主力军。

这里面必然存在着深刻的道理，只是我始终没有寻找到满意的答案。或许是冷棚的研究还未被大家所重视，或许冷棚还存在许许多多不足。我希望有一天，在大家的努力和改进下，冷棚能克服目前存在的不足，性能赶上或超过暖棚。到那个时候，大幅度降低温室大棚造价将成为现实，我多年来致力于该事业，所付出的心血也就得到了回报。

以下两张照片记录的是大量废弃的温室和方兴未艾的大跨度冷棚之间的对比。

山东某地新建的大跨度拱棚

第三章

如何加强大棚的
保温和取暖效果

　　大棚建好以后，人们最关心的就是到了冬季，大棚的保温效果如何，而在夏季，降温除湿效果怎么样？根据多年的实践，根据不同地区气候环境的不同，高老师大致给出以下答案。

第一节　太阳辐射是大棚最重要的能量来源

　　太阳辐射是维持日光温室温度和保持热量平衡的最重要的能量来源。太阳辐射也是作物进行光合作用的重要光源。一般温室大棚的透光率在60%~80%，冬季白天室内外气温差可保持在21~25℃以上。可到了夜间，效果就不那么乐观了：相对大棚外部冬季夜间最低气温，单层膜只可提高10~15℃（风大则散热较快）。当这一温度如果还不能够满足需要时，则可采取双层膜、覆盖保温被，甚至增加采暖来解决。

　　大棚能提高棚内温度的原理是：太阳能通过辐射穿透塑料薄膜，使棚内土壤、空气、植物吸收能量，从而提高大棚内部温度，起到积聚热能的作用。另一方面，大棚还有保温的作用：在密闭的情况下，棚内外空气相对不流通，热传递的3种方式：传导、对流、辐射均得到抑制，所以棚内温度就不易向外传递。一般单层大棚温室延长农作物生长期：春季可提早30~50天，秋后可推后30天左右。下面摘抄一些常用的大棚设计术语：

　　北纬40°冬季太阳高度角及日照时间如下：

月　份	全天日照时间（小时）	正午太阳高度角
11月22日	9	33.1°
12月22日	7.35	26.5°
1月22日	8.5	33.1°
2月22日	9	40.7°

　　日光温室的几个参数：

　　① 前屋面角度：是由前屋面最高点到其前坡着地点处的所连直线与水平地面

夹角a。

②　太阳高度角：太阳光线与水平面的夹角b。

③　太阳入射角：太阳光线与前屋面垂直法线的夹角c。

④　后坡角度：后屋面内侧与水平面之间的夹角d。

⑤　跨度：后墙内侧到前屋面骨架基础内侧距离L。

⑥　前屋面垂直投影的距离$L1$。

⑦　后屋面垂直投影的距离$L2$。

⑧　脊高：前屋面棚架前支点水平后延平面到屋脊的垂直距H。

⑨　后墙高度：基准地面到后坡基面的垂直距离h。

日光温室的结构示意图如下图所示。

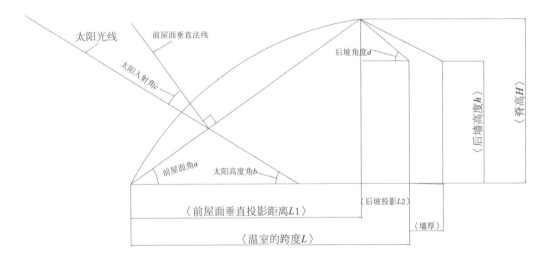

　　下面的一组早春照片，说明在同一地点，无大棚覆盖的作物相比大棚内的作物要晚一个多月。

第二节　以银蓝色反光保温膜为保温被的新型大棚效果不错

　　2009年高老师发明了一种双层膜大棚，其拱曲面仍以高强塑料膜作为大棚膜；增加双侧可卷起的银蓝色反光保温膜作为保温被；大棚两端安装中空双层透明膜。冬季提高保温效果，夏天银蓝色反光保温膜可以发挥重要的遮阳作用。

　　这一措施可在冬季夜间比普通冷棚提高温度5℃左右，夏季白天也可降低温度5℃左右。这种"双层膜"大棚，比起棉被可减少投资，降低劳动强度，又便于除雪，避免了大棚被雪压塌。

第三节　实现架空双层膜保温大棚

　　建造采用中空阳光板为覆盖的大棚或是架空双层膜保温大棚，可在冬季夜间提高温度5℃左右，不过这种大棚施工和日常维护都比较麻烦。关于中空阳光板和架空双层膜为覆盖层的大棚，在本书的第一章第十二节以及第六章《阳光板与普通棚膜相结合的大棚》中还有详细介绍，本章只是对其保温效果加以侧重说明。

如果将双层膜和银蓝膜保温被相结合效果会更好。

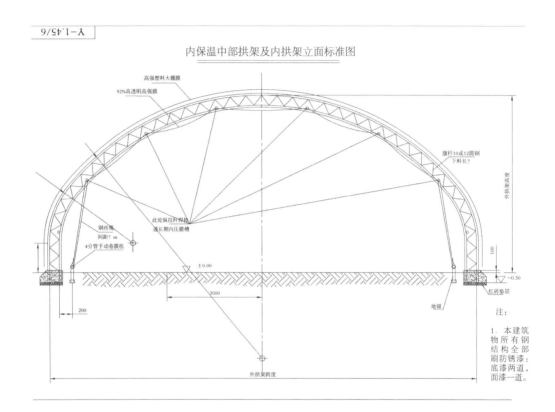

还有一种比较简单的方法就是"棚中棚"，即大棚套小拱棚再加地膜，这种方法适合育秧或抢种最后一茬小菜。

包头严冬时的棚中棚

最近高老师又发明了无骨架高透光率塑料拱形瓦楞壳的小拱棚，很适合"棚中棚"。当不使用时可摞成一摞，尺寸一般为宽2米，高1米。也可以根据需要定做。这种小拱棚透光率高、搭设拆卸方便、抗风性好、价格又不高，可广泛用于育秧棚使用。

第四节　加盖毛毡被或其他保温被的大棚效果更好

大棚膜上面如能加盖毛毡被或其他保温被，还可再提高夜间棚内温度10℃左右。随着科技的发展和市场需求的提高，新型大棚屋面保温材料不断推陈出新，其研制和开发主要侧重于便于机械化作业、价格便宜、重量轻、耐老化、防水等指标的要求。

　　实践证明，大棚的主要生产季节是春、夏、秋。冬季气温在0~20℃以上的地区，要采取可靠的非供暖措施，也可种植一些耐寒性强的作物。如果低于-20℃，则应增加补充采暖设备，才能确保冬季在遇到连阴雪的极端天气时正常生产。

第五节　高寒地区采用供暖措施的必要性

　　当采取了以上措施仍不能满足需要时，建议加设供暖设施，最常用的有：采暖炉、热风炉（分燃油、燃煤、燃气和电吹风等）、太阳能采暖通风蓄热系统、土壤电加热或是锅炉采暖等。当然有关这一条必须建立在采取了以上3条中的1条或几条的前提下。这里还需要特别说明的是无论采用何种热源，都要将其尽量安置在大棚贴地部位，同时要尽量减少夜间人员的工作，否则只会事倍功半。

那种希望在高寒地区指望有太阳就能种出瓜果的人，最好丢掉幻想，不要被承揽大棚建设的队伍忽悠。要尊重科学，要有寒流和连阴雪的思想预期。只有这样才能真正推动大棚事业的健康发展。

还有一种思路也是高老师常常提及的，那就是避开最寒冷的季节安排全年生产，不与天斗，要天人合一。

第四章

塑料大棚钢结构的
制作与安装工艺

　　高老师新型塑料大棚的制作与安装工艺与目前传统大棚有共同点，但也不完全一致。首先，是严格按图纸要求，不得随意更改；其次，是遵照国家有关钢结构施工验收规范的要求，本着安全第一、质量至上，并要求在甲方有一定的监督的前提下完成。最后，是强调工序的重要性，先干什么，后干什么？要事先策划好。曾经有这样一栋钓鱼馆的建设，本来应该先立架子，后挖鱼塘。可甲方却做出了先挖鱼塘的决定。把本来的低空作业变成了高空作业，只好动用了大型吊车立架子，搭设高脚手架焊架子、刷油漆，其结果施工费翻了一倍。

　　下面就具体钢结构的施工步骤作一介绍，其中以焊接钢结构为主线，镀锌钢管整体装配式为辅线，供读者参考。

第一节　看懂图纸心中有数

　　一定要对图纸上的每一条线，每一句话都理解无误，并与设计者建立沟通。

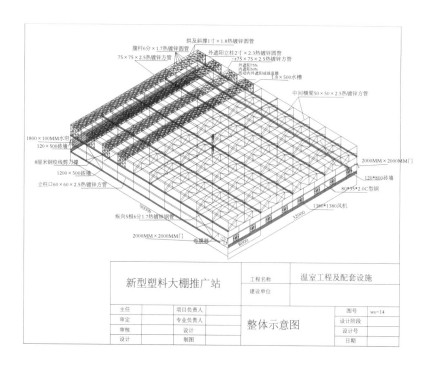

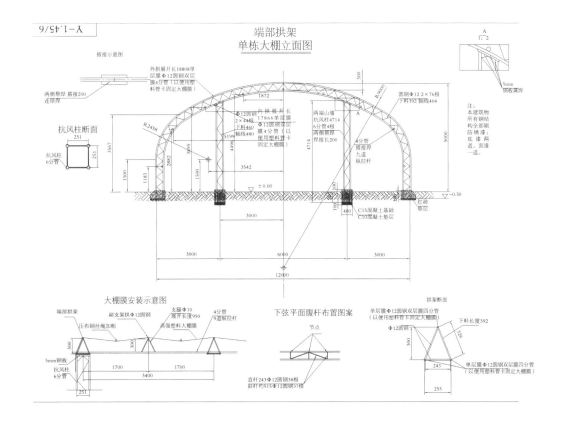

第二节　编制材料预算合理支出

编制材料预算的目的是确定所用各类材料的数量，以便准确采购，避免材料和运输费用的浪费。同时也是对建设方能否真正看懂图纸进行判断。为此我们专门研发了预算编制软件。

内蒙古达旗双层塑料钓鱼大棚材料预算表

工程简介：大棚内建筑面积　664.8平方米　　支架数量　14.0个
跨度　16.0米　　端架斜拉绳向外　0.0米
高度　6.0米　　端架斜拉绳埋深　1.5米
长度　40.3米　　大棚膜两端埋深　0.0米
支架间距　3.1米　　压布钢丝绳埋深　0.6米

序号	材料名称	规格	每根长度	根数	总长度	每米重量	总重量	单价（千克/元）	总价格（元）
1	大棚三角拱架上弦	4分壁2.50	22.50	14.00	315.00	1.23	387.45	3.80	1 472.31
2	大棚三角拱架下弦	4分壁2.50	21.20	28.00	593.60	1.23	730.13	3.80	2 774.49
3	大棚三角拱架腹杆	圆12	1.28	875.00	1120.00	0.89	994.56	3.80	3 779.33
8	大棚纵拉杆	4分壁2.50	40.30	11.00	443.30	1.23	545.26	3.80	2 071.98
9	大棚副支架	圆12	22.50	13.00	292.50	0.89	259.74	3.80	987.01
10	大棚副支架支腿	圆12	1.20	286.00	343.20	0.89	304.76	3.80	1 158.09
11	端拱门柱	1.5寸2.5	7.00	32.00	224.00	2.80	627.20	3.80	2 383.36
12	端拱门梁	1.5寸2.5	16.00	18.00	288.00	2.80	806.40	3.80	3 064.32
13	端架抗风柱竖向主筋	6分壁2.5	6.00	16.00	96.00	1.57	150.72	3.80	572.74
14	端架抗风柱腹杆	圆12	0.57	208.00	118.56	0.89	105.28	3.80	400.07
	大棚钢架材料费小计						4 911.50		18 663.70
	每平方米大棚钢架材料费								28.94

序号	材料名称	规格型号	每根长度	单位	数量	单价	合价
4	压布钢绳	塑料包皮4园钢丝绳	27.50	米	78.00	1.00	2 145.00
5	压布钢绳猫爪	小		个	312.00	0.60	187.20
6	焊条	3.2		千克	58.03	5.60	324.98
7	大砖	90		块	396.00	0.60	237.60
8	内层棚膜	120克编织膜		平方米	1 266.75	3.05	3 863.59
9	外层棚膜	银编织膜		平方米	1 393.43	3.65	5 086.00
10	油漆	0		千克	17.41	13.00	226.32
11	砼基础	0		立方米	1.15	300.00	345.60
12	压布槽	0		米	288.00	3.30	950.40
13	门帘布	0		平方米	192.00	1.00	192.00
	小计						13 558.69
	钢架以外费用小计						13 558.69
	全部大棚费用合计						32 222.39
	每平方米全部材料费用						49.97

第三节 制作场地的硬化

1. 选择足够大的一块平整硬化的场地，这是保证大棚质量和制作效率的关键一步。

2. 根据图纸的尺寸，特别是要找准形成拱架上下弦弧线(轴线)的几个圆心及其半径，在地面上画出拱架上弦和下弦的弧线（轴线）大样。

第四节　钢材下料

1. 如果大棚拱架上下弦用较粗的钢管，则先将钢管对接（连接处两边帮焊或插入短钢筋的对焊）成需要的长度后用压弯机弯成与上下弦相近的弧形备用；如果大棚拱架上下弦用细钢管或钢筋，则只需要截成或帮焊成需要的长度。

2. 用切割机把大棚拱架的两面腹杆、下弦之间的直杆和斜杆、抗风柱腹杆、副架子支腿等所用钢材按图纸要求的尺寸下料备用。

第五节　制作拱架钢结构胎模

胎膜是钢结构制作时用于固定和定位以及防止焊接变形的构件，一般比较简单。固定式胎膜本身与地面、制作平台固定在一起；也有可移动式胎膜，可以灵活卡位，用途与固定式胎膜相同。

1. 根据地面上画出的拱架上弦和下弦大样所在的位置和尺寸，先制作拱架下弦的胎模，并逐个固定在地面上。此胎模形成的弧线要刚好比拱架下弦小一圈（小多少需要通过计算，目标是使下弦靠上去后正好对准下弦大样所示的轴线），下弦一般为双根，故胎膜高度要高一些。

2. 再制作拱架上弦的胎模，逐个固定在地面上，此胎模形成的弧线要刚好比拱架上弦小一圈（小多少需要通过计算，目标是使上弦靠上去后正好对准上弦大样所示的轴线）。

这样，定位且固定好用于拱架钢结构拼装成形的胎模后，尺寸、规格、形状相同的一系列拱架才能在这个胎模上制作出来。

第六节　焊制拱架

1. 首先将两根下弦与"下弦平面腹杆图"中的垂直杆定好相对位置后焊接在一起。

2. 把焊接好的两根下弦以及上弦，用卡子或细铁线固定在上、下弦胎模上（事先在胎膜上画好高度线），之后按照图纸上的距离点焊好上下弦之间的腹杆，再把下弦间的斜杆点焊好。然后把大棚架整体从胎模上摘下来，移到另一处平整干净的场地。胎膜腾出来，可以制作另一个拱架。这里告诉大家一个经验：由于胎膜很难做到完全左右对称，为了使大棚立起来后纵看一条线，从胎膜上取下每一个拱架之前就要用钢锯在拱架左侧刻痕，使该侧永远安装在大棚同一侧。

3. 把摘下来的大棚拱架所有焊点全部进行补焊（即满焊），一面焊好后，将拱架翻转过来焊另一面，最后要检查，把没有满焊的地方焊好。

4. 用砂轮机把焊点药皮打掉并打磨一遍使之光滑，将来好刷防锈漆，并且避免以后刮坏大棚膜。

5. 参照以上工序把抗风柱按图纸要求制作好。

第七节 除锈、刷油漆、上弦缠绕塑料布条

1. 大棚拱架制作完毕后需要用铁刷除锈（无锈蚀或有轻微锈蚀可不做），然后便可以刷油漆了。底漆要用防锈漆刷2遍，一般是红色，面漆最好是白色，以降低夏季拱架温度，从而保护大棚膜。两遍底漆要选用不同颜色的油漆，以避免漏刷，一遍干透后，再刷下一遍。

2. 特别注意的是：对于在大棚整体组装过程中各部分构件相互之间将要有连接的地方千万不要刷油漆。包括：埋入混凝土基础中的部分、下弦与纵拉杆连接处、端部拱架下弦与抗风柱连接处、副架子及支腿与纵拉杆连接处等，这些地方都要事先用记号笔画出限位来。

3. 建议用和大棚膜同种材料剪出10厘米宽的布条缠绕在拱架上弦，用强力胶布粘接，这样可以减少大棚膜与上弦金属之间的摩擦，对提高大棚膜的使用寿命有益。

依此工序将所有大棚用拱架、抗风柱加工完毕，待用。

第八节 开挖基础，垫层找平

1. 在地面上根据大棚图纸所示拱架、副架及抗风柱基础的尺寸和相对位置画好线，挖好基坑，夯实坑底。

2. 在所有基坑中找好标高点，用红砖或混凝土做好垫层，使其处于一个水平面上。这是大棚整体组装工序中最核心的一步，因为垫层是保证钢结构拱架坚实、整齐的基础。

3. 这里要特别注意的是此时混凝土基础不能先做，浇灌混凝土应该放到大棚整体组装完毕并全部焊接牢固之后。目的是使拱架在安装过程中便于调整位置偏差，同时也使拱架能最终牢牢地埋入基础，而不是在基础表面将其切断，做成不必要的预埋件。

第九节 埋设地锚

压膜线是大棚的主要受力构件之一，而这些压膜线是栓到地锚上的，因此，地锚的坚固至关重要。地锚的做法，一般是使用钢筋或钢丝绳穿过数块多孔砖形成圈套并栓紧，埋入土中1米深左右，圈套一头露出地面10厘米，用于栓接压膜线，回填土每回填30厘米厚，分层夯实。端部拱架如果用斜拉绳固定也同样制作地锚。

第十节　端部拱架的安装

1. 可移动脚手架是大棚安全施工必不可少的施工设备。从树立拱架、焊接纵向连接拉杆、补刷焊点油漆、到上大棚膜、拉紧棚膜、上压膜槽、上塑料压膜管卡等工序都需要用到，一定要配备，切记。

2. 先安装大棚两端的端部拱架（简称端架）：把端架平抬到场地基坑旁，端架的两端各有3人，抬起和移动的过程中用力要均匀，注意不要把端架弄变形。这里还要注意的一点是，端架左侧的标记要位于大棚同一侧，不能颠倒（详见本章第六节）。

3. 端架竖立起来之前，需要准备好4根较长的斜撑杆并将其一头拴好在端架上部（用带地锚的斜拉绳也可）；端架中心点栓好铅坠；画一条同一架子的两基础的中心点连线并找出这条线的中心点。注意要有两人站到放在大棚端部的可移动脚手架上，协助扶稳拱架，以防拱架倒向一方砸伤人。

4. 端架竖立：众人合力从侧面往起抬，使端架两端落入基坑。扶起到一定高度后人够不着就用斜撑竿往起顶，在接近与地面垂直时用斜撑竿支住，可移动脚手架上的人要控制端架不要偏到另一边，以免发生危险。调整端架底脚，保证端架安装在既定的位置上，同时调整端架使之与地面垂直，铅坠正好落在两基础连线的中心点上。最后用斜撑竿或斜拉绳将端架子牢牢地固定在地上。

5. 端部拱架是大棚中部拱架的基准，安装时一定要对齐地面上的定位线和定位点，端部歪了，其他就都歪了，大棚就会成扭曲的。

第十一节　中部拱架的安装

1. 用上述同样方法把第二榀拱架（即中部第一榀拱架）竖立起来，此时拱架基础还没有浇筑混凝土，这便于对第二榀拱架进行前后左右及上下的调整，保证安装的拱架各点整齐一线，中心对齐，与端架间距上下左右相等，标高一致。固定方法是：用两根纵拉杆，按图纸标注的位置和间距将其与端架连接焊牢（焊接前也要用铅坠找好垂直度）。以此类推，将所有中部拱架竖立起来，直至倒数第二榀拱架（即最后一榀中部拱架）。

2. 用第十节"端部拱架的安装"同样的方法将另一端端架竖立起来，再用纵拉杆与已经立起来的倒数第二榀拱架连接在一起，此时大棚整体的钢结构框架基本形成。

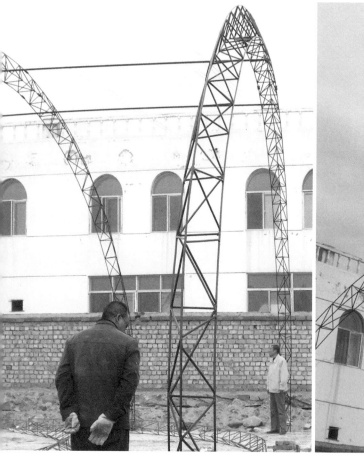

3. 利用移动脚手架，将其他纵拉杆逐一与各拱架焊接牢固（满焊，一榀架子两个焊点）。

4. 将抗风柱平移到大棚端部，栽入抗风柱基础坑中，调整高度与端架接触、对齐，焊牢。

第十二节　大棚副架的制作

1. 将副架支腿钢筋通过事先做好的钢筋成型胎具，弯曲成图纸上单支腿的样子（近似U形）。

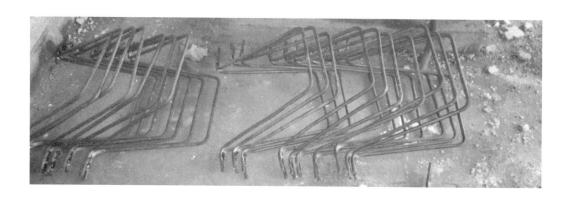

2. 第二步是将两个单支腿拼在一起，形成劈叉状。将两个单支腿放到事先做好的支腿成型胎膜上，将四条腿两两相焊，形成小马扎腿（即副架支腿）。这里要注意的是支腿劈叉的角度要使马扎高度符合图纸要求，使其焊到纵拉杆后，顶部要略低于拱架上弦。之所以这样设计是因为，副架的功能只是为减少大棚膜中部的塌腰，将膜挑高到接近但不能超过拱架上弦的高度，而不是使其承担其所不能承担的拱架主承力结构的作用。

第十三节 大棚副架的安装

1. 人站在移动脚手架上，将副架支腿焊接到纵拉杆上。这里要注意的是支腿位置和开口的角度要和图纸一致。每一个纵拉杆上的支腿都要保持同一角度，朝上的两点都要低于主拱架上弦，并高差相同。可事先参考图纸做一个副架支腿辅助安装支架，以帮助实现副架支腿安装的准确性。最后，逐一将副架支腿全部焊牢。

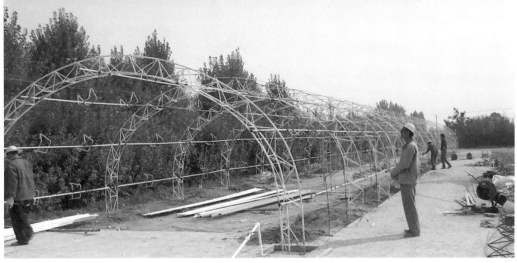

2. 利用移动脚手架，将副架焊接到副架支腿上，从上往下焊，效果比较好。

3. 副支架是高老师塑料大棚的一大特色。在提高大棚平整度，提高大棚抗外力性能的同时，也给施工带来了一定的难度。有人提出，既然副支架不是主要受力构件，能否取消？答案是肯定的，但需要根据当地的气候条件、建筑的性能要求等与设计人员协商解决，同时实施一定补偿措施。

第十四节　端部钢门窗框的安装

参照图纸尺寸和位置，并仔细看图纸上的说明文字，焊接安装钢门窗框架与端架外缘一平（事先在钢门窗框架上要焊接好压膜槽），与抗风柱和拱架等各部位搭接的位置需要用钢板作为接连。图纸上门窗尺寸和位置一般只是个示意，用户可根据需要调整大小和位置，但不能随意减少数量，其原因是，这些门窗框架还有一个重要作用，就是用来固定棚膜，使之与钢结构共同承担外来荷载。

第十五节　补刷油漆

　　对所有焊点和未刷到的地方补刷油漆（对于可能与大棚膜接触的焊点事先要打磨光滑）。就此，大棚整体钢结构框架搭设完毕。最后经过验收、修整，直至基本满意。

第十六节　混凝土基础浇注

用按照图纸要求标号的混凝土把所有基础浇筑，其中最重要的是抗风柱基础的施工质量，凝结后，还要将其周边的土夯实。

第十七节　镀锌钢管整体装配式大棚骨架的制作与安装

1. 材料进场

一般都选在大棚所在区域的一块平整土地上，不配备电源。然后是安装加工设备。

2. 拱杆的弯曲成型

3. 杆件的连接成型

4. 立架子

5. 整体骨架连接成型

第十八节　大棚膜的安装提示

　　这是安装大棚膜的重要一步：大棚膜必须要绷紧，否则寿命不长（另见专门的工序文章）。下图所示是膜没绷紧的严重后果。

　　下图是大棚膜绷紧后良好的效果，目前已使用6年。

第十九节　成功案例

　　高和林老师经过在全国各地十多年的实践，在内蒙古、辽宁、吉林、黑龙江、江西、河北、江苏、广西、山西、陕西、山东、河南、湖北等十几个省区已推广并建成了千余栋各种类型、各种用途的新型塑料大棚，效果良好，质量一流，其中许

多都经历过了特大风暴、大雪和冰雹的考验。最早于6年前在包头所建的大棚至今塑料膜从未更换过，仍在使用。这种新型塑料大棚的造价，即使买国内最好的材料，每平方米钢材费也仅16~19元，是目前同类大棚中造价最低的，而其强度最高、寿命最长。

1亩地11个拱架

塑料大棚养鱼钓鱼

塑料大棚双标准池游泳馆

宽大明亮耐久廉价
抗风节能高产防灾

第五章

大棚膜的安装

大棚膜的安装最容易被人轻视，而实际上却至关重要，因为大棚膜本身较薄，安装不当容易被大风撕裂。另外大棚膜必须绷紧，保温效果才好，寿命才会长，但是如何绷紧也不是一件容易的事情。安装时要认真执行下面工序的前后步骤，差一点都会使安装失败，甚至造成经济损失，所以安装时切不可有侥幸心理，别怕麻烦。

如果你采用的是端部双层膜，则先看本章11节。

第一节　计算所需膜的长度和宽度

首先，是要计算好膜的长度，买少了就麻烦了，多一点问题不大。因为整个大棚是用一张膜覆盖（当然，是通过多张长度相同的膜缝合拼接而成），所以长度要首先计算大棚的长度加上两个端部（山墙）的高度，另外还要加上顶面的起伏和斜拉拽紧所需的长度（一般再加上6~9米）。

其次，计算膜所需要的宽度，这就需要看图纸上上弦的展开长度，这个长度包括了两侧拱架基础内上弦的长度，余量基本够了，所以，一般就以这个长度取整后作为需要购买的大棚膜宽度。

第二节　大棚膜的缝合加宽

大棚膜的长度可以无限加长，而宽度不是可以任意加宽的。一般情况下，当所需大棚膜宽度大于12米，厂家生产的棚膜宽度不能满足要求时，大棚膜的缝合加宽就成了重要的一道工序（这里指的是编织大棚膜）。首先，将需要缝合的两张大棚膜拉直对齐，摞在一起。长短不齐的以短的为准，要使两块膜松紧一致，用皮尺、油性记号笔画出短膜缝合边的中点、四分点、八分点，同时将该标志延长到对应大棚膜缝合边的另一面；再按照这些标志，把两块大棚膜要缝合的一边一同向一面叠进5厘米；买文具夹从头到尾每隔1米夹一个，防止错位；最后，用轮胎线沿折叠边中点缝合一或两道，线要保证强度和耐久性，针脚长1厘米，缝针用缝麻袋的针。

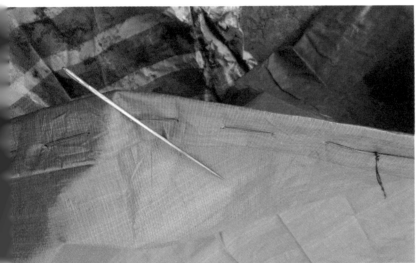

第三节 拴紧压膜线一头

在许多人的眼里，上大棚膜的施工是先上膜，再拴压膜线。但现实中惨痛的教训往往让我们反思自己的失误。看起来风和日丽的一天，是安装大棚膜的好日子，好不容易把大棚膜铺上，一阵大风忽然降临，将棚膜鼓起，由于压膜线尚不存在，无法约束棚膜，棚膜如脱缰的野马无法掌控，安装失败。

仔细分析"一阵大风忽然降临"产生的原因，我发现这是由于我们没有按照科学规律办事所导致的。这里我们所忽视的科学就是空气动力学。当大棚膜罩上后，棚内空气由于膜下热量积聚而温度迅速升高，空气膨胀，棚内处于正压状态。根据空气动力学原理，此时若在大棚膜外表面有一定速度的空气流动，而大棚膜内表面风速基本为零的情况下，会产生一个对大棚膜的向上的升力，当升力足够大到大棚膜的局部重量时，大棚膜就被掀起来了，而这个条件很容易达到，有时仅是微风吹过而已。如果此时棚膜上方有许许多多的压膜线将大棚膜压住，就会约束棚膜的高起，使之始终处于我们的可控范围之内。

问题的原因找出来了，便有了解决的办法（包括本节及后面几节的内容）：

安装过程中首先要做的就是将大棚同一侧的所有压膜线（长度为拱架弧长加2米）拴紧在地锚上，并向外拉出2米，整齐平放在地面。在完成拴紧一侧压膜线的步骤后，以下几节内容就是如何按正确的工序安装大棚膜了。

第四节　棚膜折叠就位

　　将大棚膜折叠成手风琴形的一长条（缝针面朝上如鸡冠状），像耍龙灯一样每隔3~4米一个人，双手抱膜扛在肩膀上（注意膜不能在地上拖，以避免把膜弄脏和弄坏），移放到拴好压膜线的一边，压在已拴好拉出的2米压膜线之上。

第五节　拴紧压膜线另一头

从大棚膜两头将膜拉直，在油性记号笔画出的中点向先固定的A端部标志距离3米处再画一个标志点，该点与大棚框架长度方向的中点对齐；将压膜线甩到大棚的另一侧，拴紧另一头，此时大棚膜就被包在压膜线之内。这里，应注意检查压膜线应该是松紧适度的，既可保证大棚膜在纵向拉紧时不受任何阻力，而一旦有风，棚膜上鼓时，还可受压膜线制约不至于乱飞了。

第六节　扣膜

将10根或更多拉膜绳均匀捆绑在大棚膜的一侧，然后把拉膜绳甩到大棚的另一侧，众人把大棚膜从压膜线与大棚拱架之间一边拉一边掏过去，将整个大棚罩满，含两个端部。

第七节　固定一端大棚膜

　　先固定的A端部，将大棚膜的底部打折成均匀的百褶裙样式，压入压模槽中。具体做法是：在大棚端部最下面的一根事先焊好的水平压膜槽上用皮尺、油性记号笔画出大棚端部贴地部位的中点、四分点、八分点标志。将这一端的膜放入该压模槽中，注意：大棚端部压膜槽上的中点、四分点、八分点标志要与端部大棚膜的中点、四分点、八分点对准（端部大棚膜的中点、四分点、八分点要事先画好），先对准中点，再对准四分点、八分点等其他标记点。然后均匀将端部大棚膜的底部打折成百褶裙样式，压入最下面一根压膜槽中。

第八节 纵向拉紧棚膜，固定另一端大棚膜

到大棚另一端（B端），由多人用手抓住棚膜，将棚膜整体向外拉紧，一边向后拉，一边后退，一边上下抖动，以减少膜与架子之间的摩擦，拉得一定要非常紧才行。然后，保持大棚膜拉紧的状态，大家一起用双手向上卷膜，一边卷一边慢慢向大棚端部靠近，使得大棚膜不因此松弛，直至走到大棚的垂直边，用大量沙袋将大棚膜的卷起部分压在地上暂时固定、压好。最后，后再把A、B两端剩余的纵横压膜槽相对应的其他位置的大棚膜压入事先焊好的所有压模槽中。一般要先压中间部位的膜，再压两边的膜，以保证端部膜受力均匀。

第九节 调紧压膜线

从大棚中部向两侧逐步收紧压膜线，使之松紧合适（不宜太紧），并拴好压膜线，有时要通过几次调整，使得大棚膜各处松紧一致，多出来的2米压膜线不要剪断。与此同时，要有人进入棚内查看，看棚膜外面的压膜线与大棚内部的所有纵拉杆有没有任何一点隔着大棚膜相接触，因为接触处就会磨破大棚膜（见第四章第十七节图），如果发生这种情况，可放松压膜线，如果还不行，则必须返工，将一端全部压膜槽内的大棚膜放出，并将全部压膜线重新放出2米，更加拉紧棚膜乃至再次完成以上步骤。否则将功亏一篑，后患无穷。

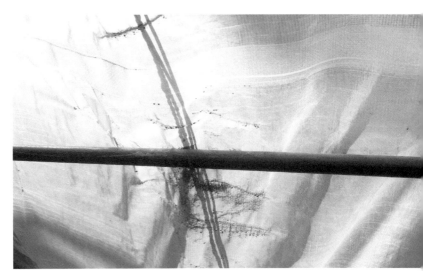

另外，自然环境比较恶劣的地区，最好再上一道压膜线，增加大棚的整体防护能力，更重要的是，万一有一根压膜线被刮断了，另一根马上能起到跟进作用，以保护相邻压膜线，从而保证大棚膜不被掀翻，这一点也很重要。

第十节 | 剪开门窗

最后将门处大棚膜根据需要剪开，只走人的，可以剪成倒T形；要走车的剪成U形，然后上门帘。

第十一节　端部双层，银蓝反光膜拱面覆盖的大棚

如果你采用的是端部双层，银蓝反光膜拱面覆盖的图纸，则扣膜步骤增加两项。一是，在第三节之前，先上两端部内膜（见"双层棚两端部大样图"），再扣整体大棚膜。二是，在第十节之后，将银蓝反光膜从一侧拉到另一侧，上卷膜机，上塑料4或6分卡，再上银蓝反光膜的压膜线（见"双层棚银蓝膜中部拱弧部位大样图"）。

第六章

阳光板与普通大棚膜
相结合的大棚
设计与建造

第一节　阳光板的特点

目前市场上的阳光板主要分PC阳光板和PE阳光板。这里主要介绍PE阳光板，并通过与PC阳光板和传统普通大棚膜比较来展现三者之间的差异。

PE阳光板又名PE双层保温膜、PE中空板等，其主要材料为高压聚乙烯，内加有抗氧化剂、紫外线吸收剂和防雾滴剂。

PE板耐低温能力强，−40℃不裂。透光率高，厚2毫米板透光率达80％以上，3毫米的可达70％以上。使用寿命长，已有10年以上的记录。PE阳光板无毒、无味、防潮、耐腐蚀、重量轻，外表光滑平整。

与PC阳光板比较，虽然PE板许多指标赶不上PC板，但PE板也有其自身的优势：

（1）价格便宜，它的价格只有PC阳光板的1/3。

（2）软体结构，可卷状包装运输，节省运费。

（3）建造温室时安装简易。

（4）接缝少，密闭性较好。

与传统的普通的大棚膜比较，PE板也有如下优势：

（1）双层中空结构，大大衰减了冷热空气的强烈交换，减少挂水和滴水现象，雾气少，室内相对湿度降低，减少了高湿对植物的病害。

（2）中间有隔离空气，既可隔热也可储热，保温能力很强，夜间降温慢，属于高保温的覆盖材料。有记录证明，如果能保证密封性则比传统温棚的温度高2℃。

（3）中间有加强筋，抗风（抗10级）、抗雪压能力强，不易撕裂。

（4）使用寿命长，不用经常更换，节省工时。

PE阳光板目前已成为建造中等造价、低湿度、长寿命、高保温的优质太阳能温室的理想材料，并在农业、畜牧业、水产养殖业、花卉种植业、林业育苗等方面开始使用。

第二节　PE 阳光板的设计特点及施工准备

1. PE阳光板本身的特点决定了必须依据专为PE阳光板以及客户需求而量身定做设计的大棚图纸开展工作，包括图纸审阅、预算编制、原料采购，委托施工等，而不是随便找一张普通大棚的图纸来参考就行了。

这类大棚的设计与普通膜大棚的主要区别是：普通大棚膜是柔性的，安装时只要往上一铺拉紧就行了，和拱架没有需要定位的刚性连接；而PE阳光板本身只有2米宽，虽然它是塑料制品也是软的，但是在设计时必须把它当做"刚性"材料来考虑，檩条间距控制在1米以内。安装时要严格按照图纸要求尺寸和做法现场拼接，确保与拱架搭接定位准确、连接牢固从而形成"刚性"连接。因此，相对普通膜大棚设计而言，PE阳光板大棚拱架的细部设计和对施工精准度的要求都很高。

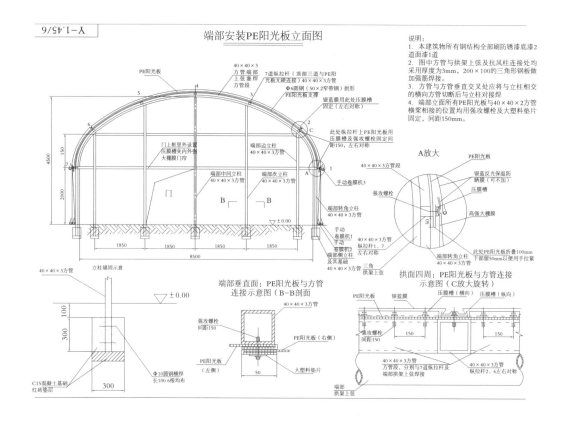

2. 施工机具的准备

除了切割机、电焊机、气焊枪等普通大棚施工需要用到的机具外，PE阳光板大棚安装还需要用到一些特殊工具，包括热熔枪、电动扳手等。另外，如第四章第十节所述：可移动脚手架是大棚安全施工必不可少的施工设备。从树立拱架、焊接纵向连接拉杆、补刷焊点油漆、到安装大棚膜等工序都需要用到，一定要配备，切记。

第三节 大棚骨架施工

具体内容介绍详见第四章塑料大棚钢结构制作与安装。

第四节 大棚端部 PE 阳光板半成品部件的制作

　　端部的阳光板一般采用3毫米以上的厚板，以增加平整度和连接强度。板宽2米，对照拱架及端部纵横框架（含门柱）用油性彩笔在板上划线、留余量、剪裁，板四边均折叠50毫米，并用塑料小螺栓固定折叠边。最后在阳光板底部和顶部折叠部位的开口处以及小螺栓四周施热熔胶焊牢，这主要起3个作用：一是加固；二是阻断中空层内空气与外界空气通过对流的方式产生热交换从而起到保温作用；三是可防止灰尘等污物进入阳光板中空层，影响美观。

　　热熔胶封口法

　　当使用的PE阳光板为2毫米，或在一些不适宜用铝型材封口的地方，可以用热熔胶封口法，把PE阳光板的横切口全部封闭，具体的方法如下图所示：

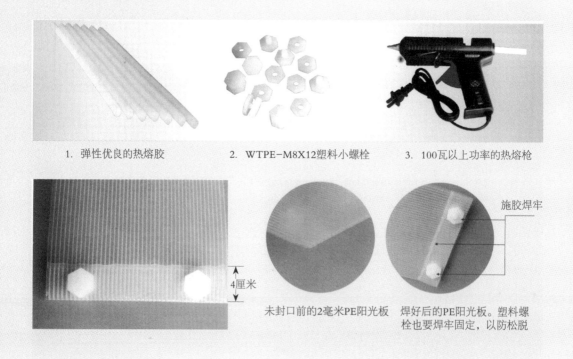

1. 弹性优良的热熔胶　　　　2. WTPE-M8X12塑料小螺栓　　　3. 100瓦以上功率的热熔枪

4厘米

施胶焊牢

未封口前的2毫米PE阳光板　　焊好后的PE阳光板。塑料螺栓也要焊牢固定，以防松脱

"橡胶密封胶"，这种密封胶不会脱落及粘接性能强，不会漏水。比"热熔胶"效果更好，更简便。还有一种"防水补漏胶布"据说更好。

第五节 大棚两端部安装 PE 阳光板封闭

PE阳光板的铺设顺序及方向：从中间向两侧，从上往下，逐块铺设。具体方法是，用强攻螺栓将裁剪制作好的PE阳光板部件与端部拱架上焊好的方管以及端部纵横框架各部位对齐后拴接拧紧，螺栓间距150毫米，到端部边缘的最后一块板时，要将板弯转到大棚纵向并与事先预备好的小立柱拴接拧紧，要松紧得当，使得大棚四角都被PE阳光板包裹。

大垫圈压紧法

具体操作方法如下图所示。

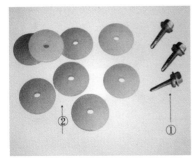

步骤一，备料：① 强攻螺钉，② WTPE-φ28大垫圈。

步骤二，间隔30厘米在喷面打上一颗带大垫圈的强攻螺钉，把PE阳光板压紧在底托条上。

端部门口的封闭

在门上框，棚内外两侧用强攻螺栓将一定长度的压膜槽与拱架拴接拧紧。把高强大棚膜上端卡入压膜槽中，形成双层门帘，下端用铁夹子配重，铁夹子亦可在门帘掀起时将膜固定在门上方。

第六节　大棚拱面PE阳光板的下料、拼接（仅适合整块铺设法）

PE阳光板宽度只有2米，无论是纵向铺还是横向铺，大棚拱面铺设时都需要拼接加长、加宽。两块板拼接处的接口采用包扣折叠法，合计四层，并用塑料小螺栓固

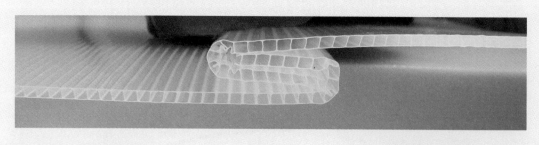

弹性优良的热熔胶

WTPE-M8×12塑料小螺栓

100瓦以上功率的热熔枪

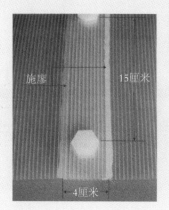

施膠　　　　15厘米

4厘米

把两块PE阳光板重叠在一起，重叠宽度为4厘米，每隔15厘米针孔安装一个塑料螺栓并拧紧，同时在正反两个重叠缝上施以热熔胶进行搭接缝焊接（焊热熔胶时，热熔枪的功率必须在100瓦以上，否则热量不够，焊接不牢）

在塑料螺栓上亦应焊胶，以防螺栓日久松脱

反面已焊的搭接缝

定(拼接时还可用胶布先粘连便于操作)，间距150毫米。拼接加宽到大棚边缘时，要在四周留出双手拽拉的余量和端部150毫米挑檐的宽度。

第七节 PE 阳光板上棚顶

PE阳光板中空层由一根根塑料肋条分隔而成，沿着纹路纵向抗拉强度较强，而横向的抗拉强度很弱。所以PE阳光板拼接加宽的总宽度不能超过50米，最好30米，因此铺设这种材料的大棚，如果其纵向与铺设的PE阳光板纹路方向一致，那么大棚长度可以不受限制；如果其纵向与铺设的PE阳光板纹路方向垂直，那么大棚长度则不能超过50米，最好30米。

铺设方法：将拼接好的板放置在大棚的一侧，用铁夹子每3.7米一个夹住PE阳光板边缘并拴好绳子，一个夹子拴一根绳子，拴好后把绳子甩到大棚另一侧，几根绳子同时拉动，一边拉一边送，同步并且缓慢地将板拉到顶棚上直至另一侧去，展平。

强攻螺栓固定PE阳光板的顺序是：首先沿大棚一头端部拱架上弦弧线上的方管从中间向两边固定，然后从大棚两侧将阳光板拉紧，沿大棚纵向将PE阳光板侧边与拱架纵拉杆方管固定，每侧两道，最后将另一头的阳光板与端部拱架上弦弧线上的方管连接固定。固定方法为：用强攻螺栓将金属压条（压条最好用镀锌压膜槽，端部弯弧部位要将压膜槽每隔1米锯一道豁口，以便于弯曲）压在PE阳光板上再与端部拱架、纵向拉杆拴接拧紧，螺栓间距150毫米。

再说说纵向拼接的，这种拼接方法接口少，但冬季结露水的流向不甚合理，会影响一点透光率。

实践中，为了施工方便，往往采取高空拼接的方法，而不是上述的整块铺设法工序，但只要注意接口加宽处的施工质量就行。

第八节 用双层大棚膜封闭纵向垂直段

1. 棚膜下料。

2. 棚膜下部缝出穿卷膜机转轴的边套。

3. 将棚膜上部压到纵向压膜槽中。

4. 穿卷膜机转轴。

5. 立卷膜机爬杆，上卷膜机。

6. 最后用玻璃胶或胶带纸将端部缝隙封死。

把玻璃胶压入铝槽中

第九节　最后的工作

1. 上压膜线（如果有反光保温膜）。

2. 上顶部反光保温膜，夏季遮阳，冬季保温（此步骤根据实际情况可做可不做）。

3. 交工。

第七章

还想多说的几句话

第一节　关于用镀锌钢管做拱架的探讨

镀锌钢管装配式大棚，这种结构的大棚拱架，其拱杆、纵向拉杆、端头立柱均为薄壁钢管，并采用专用卡具连接形成整体，所有杆件和卡具均采用热镀锌防锈处理，是工厂化生产的工业产品。

这种大棚跨度4~12米，肩高1~1.8米，脊高2.5~3.2米，长度20~60米，拱架间距0.8~1米，纵向用纵拉杆(管)连接固定成整体。可用卷膜机卷膜通风、保温幕保温、遮阳幕遮阳和降温。

这种大棚多为组装式结构，建造方便，并可拆卸迁移，棚内空间大、遮光少、作业方便，是目前使用较多的大棚结构形式。

但在这个问题上，高老师有截然不同看法：

一是从结构受力的合理性上讲，单根钢管与用三根钢筋焊接的空间桁架比，强度要差许多；

二是镀锌钢管抗腐蚀性远差于钢筋刷油漆；

三是镀锌钢管不适合焊接，螺栓连接抗晃动的能力很低；

四是镀锌钢管价格高；

五是镀锌钢管只能做小跨度的大棚。

六是镀锌钢管加工成弧线形有一定难度，更不容易弯成工程师要求的那种非标准圆的更复杂的弧线。

高老师早年也设计过各类跨镀锌钢管做架子的图纸，以适应不同客户的需求，只是杆件之间的连接方式，高老师还是建议采用焊接，如果客户要求扣件连接，则可参考高老师的图纸，并寻找有关生产大棚管的有关厂家联系，每一厂家的连接件形式都有所不同。

第二节　缺乏力学和热学知识的大棚设计

在高老师接触建设大棚的人中，有少量这样的人，他们很有想法，不满足于现有的大棚设计，但又缺乏力学和热学知识，盲目蛮干甚至去做危险性很大的傻事，从而付出了惨痛的代价。其实，不管采用什么结构，前提是要有一套科学、合理和详尽的图纸，千万不能边施工边设计。

作者小传

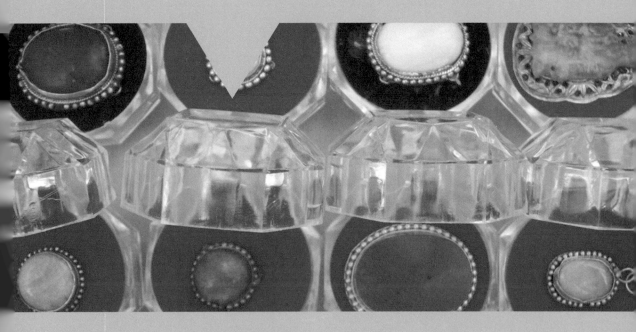

一位退休工程师的
精彩人生

1949年1月20日，伴随着北平解放的炮声，协和医院著名妇产科大夫林巧稚将我接生到这个世界。为了我能沾点名人的光，妈妈给我起名高和林。

我的童年、少年和青年基本上是在北京度过的。期间到山东张店501厂读过小学一年级。

1961年父亲从北京有色院被迫调到包头稀土院。妈妈为了我能接受最好的教育，决定将我和哥哥高宝纲留在北京读书，从此我便开始了独立的生活，那年我12岁，上小学六年级。

1965年末，北京疏散人口，说是备战备荒为人民。我被疏散。我告别了培养我整整四年的北京师大二附中。老师和同学们为我开了欢送会，我在会上大哭了一场。到包头后被分配到九中高二一班，这也是一座好学校，在这里我和所有同龄人一样，接受了无产阶级"文化大革命"的洗礼，包括同学到我家来抄家。但同时也结识了许多交往一生的朋友，其中就有我的妻子——同班的王桂芬，她长得很甜，第一眼看到她，我就喜欢上了她。

1968年9月我同王桂芬、余西安、高为人、谭新生等十名同学到内蒙古农村插队落户。那是乌拉特前旗西小召公社南黑柳子村。奇怪的是，当千千万万下乡知识青年陷入痛苦绝望境地的时候，我却忽然感觉到一种从来没有过的解放。从我记事以来，由于我的父亲是高级知识分子，我们这些子女，就像生下来就做了坏事一样，谦卑成了我们的共性，装傻、老实像幽灵一样伴随着我。如今用不着了，都是拿锄把子，都是赶木头轱辘做的牛车。从那时开始我和我的同龄人真正回到了同一起跑线，以后的人生就靠自己的努力了。事实证明，我跑到了前面。

1971年，通过我和妻子的共同努力，借助她父亲王毓先和她大哥李华田的关系，我回到了包头，分配到中国第二冶金建设公司当了一名水泥工，这是建筑工地上最繁重的体力工种，至今我肩上有块脱落的碎骨，就是当时被重担将肩胛骨压碎留下的伤痛。

1972年，是我生命的转折，在李华田大哥的帮助之下，我被调到公司财务科。1973年结婚。

1974年我被保送到浙江冶金会计专科学校，成为了一名"工农兵"学员。学成后回到原公司继续从事会计工作，当时我被看成二冶最有培养前途的财务人员。

1976年国家出了许多大事，其中对我影响最大的是粉碎"四人帮"。

1977年邓小平复出，全国统一高考恢复，我考取了太原工学院土木系工民建专业。

上大学那年，我30岁，已是两个女儿的父亲。转眼到了2013年，我64岁了。

这漫长而又短暂的36年里，正逢与改革开放同行，中华民族奇迹般地从历史的贫困中摆脱出来，实现了小康生活。我也在不经意之间走完了我人生最辉煌的时段。

回首往事，30多年就办了几件事：

首先，是在太原伴随严重失眠的四年求学之路，老师、同学给了我最大的关爱，至今不能忘怀。

1982—1992年，是在包钢设计院愉快而轻松地度过，10年中，我参与了许多项目的设计，并为下一步事业发展奠定了基础。

1992年，在担任包钢房产处副处长期间，我主持建设了数万户民用住宅，基本实现了包钢职工居者有其屋的梦想。

1998年我担任中国二冶总工程师，全面主持技术质量工作，参与了许多重大工程的施工建设，我曾三次亲手为二冶捧回国家最高工程质量奖"鲁班奖"，本人也因此获全国工程质量管理先进工作者称号。

2003年我荣归故里，回到阔别十几年的包钢设计院，担任包头钢铁公司副总工程师兼包钢设计院院长，同时继续兼任二冶总工程师，如此光环是对我一生的充分肯定，我只有努力工作，为包钢实现1 000万吨钢的腾飞，站好最后一班岗。

如今我已退休多年。

我一生睡眠不好，这给我带来了比常人更多的思考时间，也就产生和实现了许多奇思妙想：

1. 我发明的"模板对拉螺栓上用遇水膨胀橡胶止水片""柔性挡风墙"两项获国家发明专利，目前已广泛使用。

2. 由我主编的三本施工技术质量方面的专著已在全国正式发行。

3. 我曾亲手设计并组织建设了中国第一个塑料大棚双标准池游泳馆，比奥运会的水立方早了10年。现在我依然在全国范围内通过网络为农用、畜用、林用、生态用、工业用塑料大棚的设计与建设提供图纸和技术咨询。

4. 退休后，我处理掉多年收藏的邮票和玉石摆件，潜心收藏和研究"长命锁"。2011年底由上海人民出版社出版发行了《民间老银饰——长命锁鉴赏与收藏》。2013年又计划出版《民间老盒子——古匣收藏与鉴赏》。希望在弘扬民俗文化方面再作点贡献。

在这里，我还想展示我多年收集的"明清两代宝石帽正"，因为有关这方面传世的物件较为稀少，一般都辈辈相传不肯出手，也就没有可能再单独出版一本有关这方面的书了。这与本书毫无关系，读者看看、乐乐就是了。到底是作者的最爱，也是我们这个民族非物质文化的精粹之物。就像我通过本书展示我设计的那些大棚作品一样：展示的一定要"精彩"，而"精彩"就贵在共享。

如今我的两个女儿都已在上海成家立业，并都有了孩子。老大高钰是研究生，现任副教授，小女儿高琛是本科生，现任会计师、经济师。

另外我还续编了我的"高氏家族"和我母亲的"蔡氏家族"家族谱，均为300年。纵观历史，感悟颇深："是金子，沙子中也要发光"。

注：作者籍贯江苏常州。

感悟歌：老之将近，六六人生；回顾此生，莫论成败；经历伤痛，却未消沉；虽无大成，亦属小进；与人为善，义长友多；扬人之长，莫讥其错；处事宽容，待人真诚；何以解忧，做点事情；事在人为，境由心造；要有坚守，也舍放弃；养儿育女，尽责天职；知足常乐，恬淡清贫；访友聚会，小酌品茗；品长论短，谈古说今；发点牢骚，说说趣闻；著书续谱，竭力尽心；弹琴收藏，再添新生；大棚事业，旭日东起；重名轻利，不惧褒贬；自然归宿，达观听命。

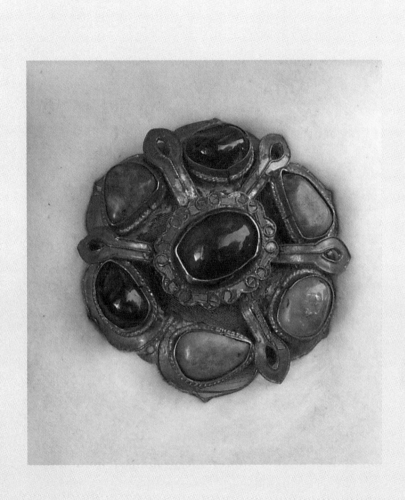

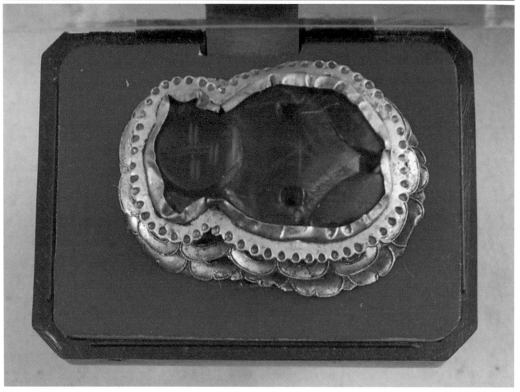

附录1

一篇值得阅读的论文

编者按

下面这段文章是我在收集有关温室大棚有关资料时，一位朋友推荐给我的，初看，感受不好，再看，有道理。我比较其他论文，发现绝大多数都是在吹捧大棚的优势，甚至有绝对不负责任的观点，最奇特的就属有人提出植物生长需要月光的照射，夜间开天窗，用于解决北方冬季种植的需要。而这篇文章以大量的实测资料为依据，通过科学分析，给出了许多不被人注意的负面结果，并提出了相应的解决方案。从我多年的实践中，也发现过类似问题，但没有系统分析过。这篇论文将对于今后大棚事业在前进的道路上不断发展是十分有益的。良药苦口利于病，忠言逆耳利于行。现摘录主要部分展现给读者，也望原作者见谅。

● 温度条件

塑料薄膜具有保温性。覆盖薄膜后，大棚内的温度将随着外界气温的升高而升高，随着外界气温下降而下降。并存在着明显的季节变化和较大的昼夜温差。越是低温期温差越大。一般在寒冷季节大棚内晴天增温可达3~6℃，阴天或夜间增温能力仅1~2℃。春暖时节棚内和露地的温差逐渐加大，增温可达6~15℃。外界气温再升高时，棚内增温相对加大，最高可达20℃以上，因此大棚内存在着高温及冰冻危害，需进行人工调整。在高温季节棚内可产生50℃以上的高温，进行全棚通风，棚外覆盖草帘或搭成凉棚，可比露地气温低1~2℃。冬季晴天时，夜间最低温度可比露地高1~3℃，阴天时几乎与露地相同。因此大棚的主要生产季节为春、夏、秋季。通过保温及通风降温可使棚温保持在15~30℃的生长适温。

● 光照条件

新的塑料薄膜透光率可达80%~90%，但在使用期间由于灰尘污染、吸附水滴、薄膜老化等原因，而使透光率减少10%~30%。大棚内的光照条件受季节、天气状况、覆盖方式（棚形结构、方位、规模大小等）、薄膜种类及使用新旧程度情况的不同等，而产生很大差异。大棚越高大，棚内垂直方向的辐射照度差异越大，棚内上层及地面的辐照度相差达20%~30%。在冬春季节以东西延长的大棚光照条件较好，它比南北延长的大棚光照条件为好，局部光照条件所差无几。但东西延长的大棚南北两侧辐照度可差达10%~20%。不同棚型结构对棚内受光的影响很大，双层薄膜覆盖虽然保温性能较好，但受光条件可比单层薄膜盖的棚减少一半左右。此外，连栋大棚及采用不同的建棚材料等对受光也产生很大的影响，以单栋钢材及硬塑结构的大棚受光较好，只比露地减少透光率28%。连栋棚受光条件较差。因此建棚采用的材料在能承受一定的荷载时，应尽量选用轻型材料并简化结构，既不能影响受光，又要保护坚固，经济实用。薄膜在覆盖期间由于灰尘污染而会大大降低透光率，新薄膜使用两天后，灰尘污染可使透光率降低14.5%。10天后会降低25%，半月后降低28%以下。一般情况下，因尘染可使透光率降低10%~20%。严重污染时，棚内受光量只有7%，而造成不能使用的程度。一般薄膜又易吸附水蒸气，在薄膜上凝聚成水滴，使薄膜的透光率减少10%~30%。因此，防止薄膜污染，防止凝聚水滴是重要的措施。再者薄膜在使用期间，由于高温、低温和受太阳光紫外线的影响，使薄膜"老化"。薄膜老化后透光率降低20%~40%，甚至失去使用价值。因此大棚覆盖的薄膜，应选用耐温防老化、除尘无滴的长寿膜，以增强棚内受光、增温、延长使用期。

● 湿度条件

薄膜的气密性较强，因此在覆盖后棚内土壤水分蒸发和作物蒸腾造成棚内空气高温，如不进行通风，棚内相对湿度很高。当棚温升高时，相对湿度降低，棚温降低相对湿度升高。晴天、风天时，相对温度低，阴、雨（雾）天时相对温度增高。在不通风的情况下，棚内白天相对湿度可达60%~80%，夜间经常在90%左右，最高达100%。棚内适宜的空气相对湿度依作物种类不同而异，一般白天要求维持在50%~60%，夜间在80%~90%。为了减轻病害的危害，夜间的湿度宜控制在80%左右。棚内相对湿度达到饱和时，提高棚温可以降低湿度，如湿度在5℃时，每提高1℃气温，约降低5%的湿度，当温度在10℃时，每提高1℃气温，湿度则降低3%~4%。在不增加棚内空气中的水汽含量时，棚温在15℃时，相对湿度约为7%左右；提高到20℃时，相对湿度约为50%左右。由于棚内空气湿度大，土壤的蒸发量小，因此在冬春寒季要减少灌水量。但是，大棚内温度升高，或温度过高时需要通风，又会造成湿度下降，加速作物的蒸腾，致使植物体内缺水蒸腾速度下降，或造成生理失调。因此，棚内必须按作物的要求，保持适宜的湿度。栽培季节与条件：塑料大棚的栽培以春、夏、秋季为主。冬季最低气温为−17~−15℃的地区，可用于耐寒作物在棚内防寒越冬。高寒地区、干旱地区可提早就在用大棚进行栽培。北方地区，于冬季，在温室中育苗，以便早春将幼苗提早定植于大棚内，进行早熟栽培。夏播，秋后进行延后栽培，1年种植两茬。由于春提前、秋延后而使大棚的栽培期延长两个月之久。东北、内蒙古一些冷冻地区于春季定植，秋后拉秋，全年种植一茬，黄瓜的亩产量比露地提高2~4倍。黑龙江省用大棚种植西瓜获得成功。西北及内蒙古边疆风沙、干旱地区利用大棚达到全年生产，于冬季在大棚内种植耐寒性蔬菜，开创了大棚冬季种植的先例。为了提高大棚的利用率，春季提早，秋季延后栽培，往往采取在棚内临时加温，加设二层幕防寒，大棚内筑阳畦，加设小拱棚或中棚，覆盖地膜，大棚周边围盖稻草帘等防寒保温措施，以便延长生长期，增加种植茬次，增加产量。

● **棚内空气成分**

由于薄膜覆盖，棚内空气流动和交换受到限制，在蔬菜植株高大、枝叶茂盛的情况下，棚内空气中的二氧化碳浓度变化很剧烈。早上日出之前由于作物呼吸和土壤释放，棚内二氧化碳浓度比棚外浓度高2~3倍（330毫克/千克左右）；8~9时以后，随着叶片光合作用的增强，可降至100毫克/千克以下。因此，日出后就要酌情进行通风换气，及时补充棚内二氧化碳。另外，可进行人工二氧化碳施肥，浓度为800~1 000毫克/千克，在日出后至通风换气前使用。人工施用二氧化碳，在冬春季光照弱、温度低的情况下，增产效果十分显著。在低温季节，大棚经常密闭保温，很容易积累有毒气体，如氨气、二氧化氮、二氧化硫、乙烯等造成危害。当大棚内氨气达5毫克/千克时，植株叶片先端会产生水浸状斑点，继而变黑枯死；当二氧化氮达2.5~3毫克/千克时，叶片发生不规则的绿白色斑点，严重时除叶脉外，全叶都被漂白。氨气和二氧化氮的产生，主要是由于氮肥使用不当所致。一氧化碳和二氧化硫产生，主要是用煤火加温，燃烧不完全，或煤的质量差造成的。由于薄膜老化（塑料管）可释放出乙烯，引起植株早衰，所以过量使用乙烯产品也是原因之一。为了防止棚内有害气体的积累，不能使用新鲜厩肥作基肥，也不能用尚未腐熟的粪肥作追肥；严禁使用碳酸铵作追肥，用尿素或硫酸铵作追肥时要掺水浇施或穴施后及时覆土；肥料用量要适当不能施用过量；低温季节也要适当通风，以便排除有害气体。另外，用煤质量要好，要充分燃烧。有条件的要用热风或热水管加温，把燃后的废气排出棚外。

● 土壤湿度和盐分

大棚土壤湿度分布不均匀。靠近棚架两侧的土壤，由于棚外水分渗透较多，加上棚膜上水滴的流淌湿度较大。棚中部则比较干燥。春季大棚种植的黄瓜、茄子特别是地膜栽培的，土壤水分常因不足而严重影响质量。最好能铺设软管滴灌带，根据实际需要随时施放肥水，是一项有效的增产措施。由于大棚长期覆盖，缺少雨水淋洗，盐分随地下水由下向上移动，容易引起耕作层土壤盐分过量积累，造成盐渍化。因此，要注意适当深耕，施用有机肥，避免长期施用含氯离子或硫酸根离子的肥料。追肥宜淡，最好进行测土施肥。每年要有一定时间不盖膜，或在夏天只盖遮阳网进行遮阳栽培，使土壤得到雨水的溶淋。

附录2

见证，大棚合伙协议
（1994 年签订）

高效节能温室产品简介

近年来，随着国家改革开放政策的实施，人民生活水平不断提高，人们对春冬季节蔬菜的需求量越来越大，对蔬菜的质量要求越来越高，以往的南菜北运已不能满足北方市场的需求，因此北方的大棚生产近几年发展很快。

目前有几类规格的大棚：（1）骨架为竹子结构。这类大棚高度底，耕作不便，棚内有许多砼支柱，降低棚内土地利用率，保温性能差，黄瓜、豆角等果类藤生蔬菜的生长空间受到限制，产量低，在大棚内潮温环境下竹子易生霉菌，对农作物的生长有一定的危害。另外竹杆三年一更换，年年需维修，增加了大棚蔬菜的生产成本。（2）骨架为钢制结构。这类大棚无法克服大棚膜"糊炕"，所谓"糊炕"即由于钢吸热快，传热快，天气炎热使大棚膜熔化而损坏。风天大棚易"放炮"，在大棚内潮湿环境下，钢材腐蚀很快。（3）骨架为砼结构。这类结构由于是砼制成，骨架笨重，砼很脆，安装运输极为不便，易损坏，加之砼表面不光滑大棚膜极易损坏，故这类结构目前很少有人采用。面对上述大棚的种种不足，我公司推出新型高效节能温室，室内高度可达2900mm以上（该高度可根据用户需要制作），室内使用面积为6500×50000mm和9000×50000mm两种形式，其造型美观，实用性强，无支柱，提高了室内的有效使用面积，增加产量，空间大，为黄瓜、豆角等藤类农作物提供了广阔的生长空间，提高了大棚的经济效益。由于采用塑钢结构，消除了竹子霉菌对蔬菜的危害，骨架表面光滑，避免大棚膜"糊炕"及由骨架表面不光滑而造成的棚膜损坏，该高效节能温室安装运输方便，无锈蚀，正常使用几乎无须维修，避免了竹制结构类大棚年年维修，三年一更换的缺点，节约维修费用，降低蔬菜种植生产成本。室内空间大，保温性能好，室内温度比老式大棚同等条件下可提高温度2-5摄氏度，可节约能源，降低冬季取暖费用。该温室室内开阔，无支柱，有利于使用半机械化耕作，降低劳动强度，有利于农作物的生长，增加产量，与老式大棚比较综合经济效益提高显著，该温室是农民勤劳致富的主要捷径之一。一室在手，终身享用。

地　　址：包头郊区新胜乡养殖基地

联系人：王桂芬　　　　赵　国　　　　张　明　　　　常　工

电　话：2122781　　126-2207130　　1384728759　　2128101-3023

附录3

摘抄

西北农林科技大学园艺学院；宁夏大学农学院发表的《日光温室后墙与地面对室内的放热情况》课题中的结论性观点

"为研究日光温室土质后墙与地面对室内的放热情况，测定了晴、阴天气条件下土质后墙和地面的表面温度及热通量。结果表明，单位面积墙体与地面各自的放热量与室内太阳辐射密切相关，晴天夜间单位面积墙体放热量为1.90兆焦/米²，地面放热量为1.36兆焦/米²，而阴天夜间单位面积墙体放热量为0.7兆焦/米²，地面放热量为1.34兆焦/米²。对于单位面积墙体和地面而言晴天墙体放热量大于地面，阴天地面放热量大于墙体，无论晴天与阴天地面全天放热总量总是大于墙体释放总量，且地面对周期热量变化的缓冲大于墙体。"

编者按

我认为，对于不带后墙的"冷棚"白天由于没有墙体在与地面争夺室内太阳辐射带来的热能，可使得地面能够蓄积更多的热量。到了夜间地面放热量必将有所增加。其热流方向及周期热量变化的缓冲都将优于墙体。问题的关键是"冷棚"必须要与"日光温室"覆盖同样厚度的"保温被"，这一点随着底推式卷被机的广泛使用已得以实现。另外，大棚两端部的保温也必须跟上。我之所以要谈这个问题，是因为后墙实在是造价太高，土地浪费也太严重，再就是夏秋两季通风性太差，即使"日光温室"墙体有一定作用，用如此高昂的代价去换来，也是不合算的。

最近又见到一篇有价值的论文，是在呼和浩特赛罕区，为一种"大棚型温室"与传统温室的长达一年期的测光、测温、测湿的数据对照的研究。这种"大棚型温室"就类似我在本书第一章第十一节温、冷两用大棚，冬季后坡及后墙和两山墙均用保温被覆盖，以取代砖墙，从而大大地降低了建设成本，并得出了以下结论：

（1）春、夏、秋三季，"大棚型温室"的光照度较传统温室有显著提高，湿度明显高于传统温室。特别适于这3个主要生产季节瓜类和茄果类等蔬菜的栽培生产。

（2）"大棚型温室"冬季最低气温较传统室温低1.8℃左右，平均地温较传统温室高1.2℃左右，日平均气温较传统温室高0.9℃左右，湿度略低于传统温室。我想如果能将迎风面保温被加厚并在棚内吊顶形成双层膜，情况一定会更好。

　　还要一组数据发人深省，有一组温室的热量散失组成比例为：拱面65%，后坡面25%，后墙7%，两山墙3%。可见保温被和后坡面应该是加强保温的重点。

附录4

普通高中地理课程有关
太阳辐射的基础理论

大气对太阳辐射的削弱作用

太阳辐射	总体波长范围：0.15~4微米			
	紫外光		可见光	红外光
占太阳辐射能的比例	7%（包括X射线和γ射线）		50%	43%
波长（微米）	小于0.175	0.175~0.40	0.40~0.76	大于0.76
经过大气层时发生的情况	几乎完全被上层大气吸收	绝大部分被臭氧层吸收	波长较短的蓝色光等为大气分子所散射，水汽、云和浮尘等可阻挡、反射和吸收一部分可见光，绝大部分可见光能够直接到达地面	对流层大气中的二氧化碳、水汽、云和浮尘，可直接吸收相当数量的红外光

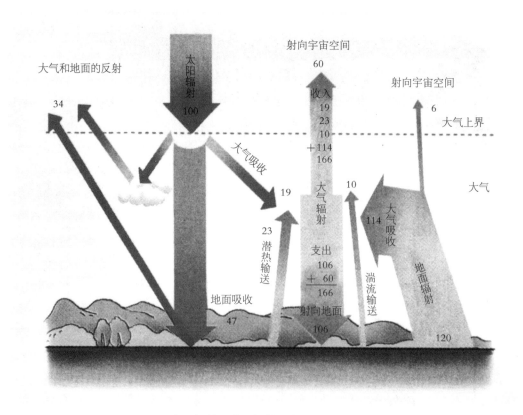

太阳辐射和地面辐射、大气逆辐射关系示意

玻璃温室效应示意

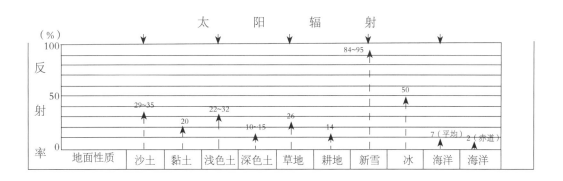

以上4张图表说明了太阳能是如何通过对流层将热能传递和储存到大棚地表的，这部分内容是大棚设计中的热学部分的理论基础。它回答了为什么大棚膜的透光率越高棚内温度就越高？为什么单层大棚也有保温效果？为什么棚内耕地能蓄积最多的热能？为什么反光膜能起到一定保温被的效果？为什么冬季阴雪天，棚内温度会大幅度降低，即使室外温度并不一定很低的时候？也回答了当冬季阴雪天同时又赶上寒流时，必须备有补充能源的建议。

图书在版编目（CIP）数据

塑料温室大棚设计与建设 / 高和林，赵斌，贾建国
编著. —北京：中国农业出版社，2014.12（2017.6 重印）
ISBN 978-7-109-19913-2

Ⅰ . ①塑… Ⅱ . ①高… ②赵… ③贾… Ⅲ . ①塑料温室—
基本知识 Ⅳ . ① S625

中国版本图书馆CIP数据核字（2014）第294489号

中国农业出版社出版
（北京市朝阳区麦子店街18号楼）
（邮政编码 100125）
责任编辑 刘博浩 吴丽婷 程燕

北京中科印刷有限公司印刷 新华书店北京发行所发行
2014年12月第1版 2017年6月北京第3次印刷

开本：787mm×1092mm 1/16 印张：10
字数：200千字
定价：50.00元
（凡本版图书出现印刷、装订错误，请向出版社发行部调换）